应急救援培训系列丛书

# 应急救援装备

赵正宏　编著

中国石化出版社

## 内 容 提 要


本书为《应急救援培训系列丛书》之一，对应急救援装备的作用、分类、体系进行了概述，从功能、结构、使用、维护等方面对现代预测预警、个体防护(头部保护、眼面部防护、呼吸器官防护、听觉器官防护、躯干防护、足部防护、手部防护、皮肤防护、坠落防护等)、通信信息、灭火、化工救援、医疗救护等应急救援装备进行了详细介绍。旨在让救援人员做到会选择、会使用、会维护、会排除故障，充分发挥应急装备的应急救援保障作用。

本书系统完整，简单实用，可供专业救援人员进行应急培训使用，也可供广大应急救援工作者参考。



**图书在版编目(CIP)数据**

应急救援装备／赵正宏编著．—北京：中国石化出版社，2019.2(2025.1重印)
(应急救援培训系列丛书)
ISBN 978-7-5114-5080-7

Ⅰ．①应… Ⅱ．①赵… Ⅲ．①突发事件-救援-装备
Ⅳ．①X928.04

中国版本图书馆 CIP 数据核字(2019)第 021385 号





**中国石化出版社出版发行**

地址：北京市东城区安定门外大街 58 号
邮编：100011　电话：(010)57512500
发行部电话：(010)57512575
http://www.sinopec-press.com
E-mail:press@sinopec.com
北京科信印刷有限公司印刷
全国各地新华书店经销

*

850×1168 毫米 32 开本 6 印张 149 千字
2019 年 2 月第 1 版　2025 年 1 月第 6 次印刷
定价：39.00 元

# 全面强化应急管理　提高防灾减灾救灾能力

## 序

经过长期努力，中国特色社会主义进入了新时代。树立安全发展理念，弘扬生命至上、安全第一的思想，健全公共安全体系，完善安全生产责任制，坚决遏制重特大安全事故，提升防灾减灾救灾能力，是新时代提高保障和改善民生水平，加强和创新社会治理的重要思想。

站在新的历史起点，中共中央深化党和国家机构改革，组建了中华人民共和国应急管理部，竖起了全面强化应急管理的里程碑。这一重大改革，将有力推动统一指挥、专常兼备、反应灵敏、上下联动、平战结合的中国特色应急管理体制的形成，促进国家应急管理能力，包括安全生产在内的全面防灾减灾救灾能力的迅速提高，有效防范遏制重特大事故的发生，维护人民群众生命财产安全，提高人民群众获得感、幸福感、安全感。

中国应急管理翻开了新的历史篇章！

新时代我国社会主要矛盾是人民日益增长的美好生活需要和不平衡不充分的发展之间的矛盾，必须坚持以人民为中心的发展思想，不断促进人的全面发展。安全生产是关系人民群众生命财产安全的大事，是经济社会协调健康发展的标志，是党和政府对人民利益高度负责的要求。确保人民群众生命财产安全，是以人民为中心的根本前提和重要保障。

当前，我国正处在工业化、城镇化持续推进过程中，生产经营规模不断扩大，传统和新型生产经营方式并存，各类安全风险交织叠加，企业主体责任落实不力等问题依然突出，生产安全事故易发多发，尤其是重特大安全事故频发势头尚未得到有效遏制。企业应急管理还存在诸多问题，如因风险辨识、隐患排查能力不足，应急准备出现"空白点"；应急预案针对性、简捷性、衔接性不足；现代应急装备缺乏，抢大险救大灾能力不足；从业人员应急意识弱、应急知识少、应急技能低；等等。落实企业安全主体责任，提高防灾减灾救灾能力，是当前安全生产工作的重中之重。新中国成立以来第一个以党中央、国务院名义出台的安全生产工作的纲领性文件《中共中央 国务院关于推进安全生产领域改革发展的意见》强调指出，要建立企业全过程安全生产管理制度，做到安全责任、管理、投入、培训和应急救援"五到位"，要开展经常性的应急演练和人员避险自救培训，着力提升现场应急处置能力。国有企业要发挥安全生产工作示范带头作用。

《应急救援培训系列丛书》以安全发展理念和生命至上、安全第一的思想为指引，坚持生命至上、科学救援的原则，紧绕企业应急管理中存在的问题和石化行业特点，系统阐述了应急救援管理基础、法律法规、预案编制与演练、应急装备及典型案例处置等知识，突出针对性、实用性，适于应急培训之用，也可供广大安全生产和应急管理人员工作参考。相信，该培训系列丛书对于落实企业主体责任，提高企业防灾减灾救灾能力，遏制重特大事故，会起到积极的现实意义和长远的指导意义。

# 目　录

# CONTENTS

## 第三章　个体防护装备

## 第五章 灭火装备

## 第六章 化工救援专用装备



## 第七章 医疗救护装备

# 第一章 应急救援装备概述

工欲善其事，必先利其器！

应急救援装备，是应急救援的作战武器。要提高应急救援能力，保障应急救援工作的高效开展，迅速化解险情，控制事故，就必须为应急救援人员配备专业化的应急救援装备。救援无装备，如作战没武器，要打胜仗，绝不可能。而有了先进的应急装备，不能正确选择使用，充分施展其功能，再好的应急装备也会大打折扣，降低救援效果。应急救援装备是应急救援的有力武器与根本保障。应急救援装备的配备与使用，是应急救援能力的根本基础与重要标志。因此，必须深刻理解应急救援装备的重要作用，并加强装备选择与使用培训，做到会选择、会使用、会维护、会排除故障，充分发挥应急装备的应急救援保障作用。

## 一、应急救援装备的作用

应急救援装备的作用，主要体现在以下 4 个方面：

(1) 高效处置事故

高效处置事故，尽可能地避免、减少人员的伤亡和经济损失，是应急救援的核心目标。

险情、事故的多样性、复杂性，决定了在应急救援行动中必须使用种类不一的应急救援装备。如发生火灾，要使用灭火器、消防车；发生毒气泄漏，要使用空气呼吸器、防毒面具；发生停电事故，要使用应急照明；管线穿孔，易燃易爆物质泄漏，必须立即使用专业器材进行堵漏；等等。如果没有专业的应急救援装备，火灾将得不到遏制，泄漏将无法控制，抢险人员的生命将得不到保障，低下的应急救援能力将使事故不断升级恶化，造成难以估量的恶果。在险情突发之时，如果监测装备、控制装备能够及时投用，消除险情，避免事故，便可有效避免人员伤亡。事故初发之时，高效的应急救援装备，会将事故尽快予以控制。

应急救援装备，是高效处置事故的重要保障。

（2）保障生命安全

在险情突发之时，如果监测装备、控制装备能够及时启动，消除险情，避免事故，就可从根本上消除对相关人员的生命威胁，避免人员伤亡。譬如，油气管线泄漏，若可燃气体监测仪能及时监测报警，就可以在泄漏初期及早处置，避免火灾爆炸事故的发生。

同样，事故发生之后，及时启用相应的应急救援装备，也可以有效控制事故，有效避免、减轻相关人员的伤亡，从而避免事故的恶化、扩大。如果救援装备配备不到位，功能不到位，一起小事故仍可能恶化成一场群死群伤的灾难。

（3）消减财产损失和生态破坏

高效的应急救援装备，会将事故尽快予以控制，避免事故恶化，在避免、减少人员伤亡的同时，有效避免、减少财产损失。譬如，成功处置了易燃易爆管线、容器的泄漏，避免了火灾爆炸事故的发生，不仅能避免人员的伤亡，同样也会使设备、装备免受损害，避免造成重大的财产损失，避免企业赖以生存的物质基础受到破坏。

许多事故发生之后，都会对水源、大气造成污染，如运输甲苯、苯等危险化学品运输车辆翻进河流，发生泄漏，就会直接对水源造成污染。如果运输液氨、液氯、硫化氢等危险化学品的车辆发生泄漏，就会直接对大气造成污染。如果应急救援不及时，就会造成不可估量的后果。即便没有造成人员伤亡，直接间接的处理、善后费用，往往都是一个惊人的数字。

(4) 维护社会稳定

许多事故发生之后，往往会引起局部地区的社会恐慌，甚至引发社会动荡。如危险化学品运输车辆翻进河流，发生泄漏，对水源造成污染，就会造成相应地区的居民产生恐慌，严重者会引发局部地区的社会动荡。

如 2005 年 11 月 13 日，吉林省吉林市某石化公司双苯厂苯胺装置硝化单元发生着火爆炸事故，造成当班的 6 名工人中 5 人死亡、1 人失踪，60 多人不同程度受伤，事故还造成松花江严重污染，哈尔滨因此全市停水 4 天，严重影响了沿江居民的正常生活，并跨越国界，引起了松花江流经国俄罗斯的高度关注和强烈反应。如果当初能配置有先进的应急救援装备，迅速扑灭，就会避免大量污染水的外排，从而在相当程度上弱化对社会的影响。

先进的应急救援装备，能有效提高应急救援的能力，消减人员的伤亡和财产损失，有效保护环境和社会稳定，充分体现生命至上、安全发展、科学发展的时代理念。

## 二、 应急救援装备分类

应急救援装备，指用于应急管理与应急救援的工具、器材、服装、技术力量等。如消防车、监测仪、防化服、隔热服；应急救援专用数据库、GPS 技术、GIS 技术等各种各样的物资装备与技术装备。应急救援装备种类繁多，功能不一，适用性差异大，可按其具体功能、适用性、使用状态进行分类如下。

### (一) 按照适用性分类

应急装备种类繁多，有的适用性很广，有的则具有很强的专业性。一般可将应急装备分为通用性应急装备、特殊应急装备。

通用性应急装备，主要包括：个体防护装备，如呼吸器、护目镜、安全带等；消防装备，如灭火器、消防锹等；通信装备，如固定电话、移动电话、对讲机等；报警装备，如手摇式报警，电铃式报警等装备。

特殊应急装备，因专业不同而各不相同，可分为灭火装备、危险品泄漏控制装备、专用通信装备、医疗装备、电力抢险装备等。具体会细分好多种小类，如：

(1) 危险化学品抢险用的防化服，易燃易爆有毒有害气体监测仪等；

(2) 消防人员用的高温避火服、举高车，救生垫等；

(3) 医疗抢险用的铲式担架、氧气瓶、救护车等；

(4) 水上救生用的救生艇、救生圈、信号枪等；

(5) 电工用的绝缘棒、电压表等；

(6) 煤矿用的抽风机、抽水机等；

(7) 环境监测装备，如水质分析仪，大气分析仪等；

(8) 气象监测仪，如风向标，风力计等；

(9) 专用通信装备，如卫星电话、车载电话等；

(10) 专用信息传送装备，如传真机、无线上网笔记本电脑等。

**(二) 按照功能分类**

根据应急救援各种装备的功能，可将应急救援装备分为预测预警装备、个体保护装备、通信与信息装备、灭火抢险装备、医疗救护装备、交通运输装备、工程救援装备、应急技术装备等八大类及若干小类。

(1) 预测预警装备。具体可分为：监测装备、报警装备、联动控制装备、安全标志等。

(2) 个体防护装备。具体可分为：头面部保护装备、眼睛防护装备、听力防护装备、呼吸器官防护装备、躯体防护装备、手部防护装备、脚部防护装备、坠落防护装备等。

(3) 通信与信息装备。具体可分为：防爆通信装备、卫星通信装备、信息传输处理装备等。

(4) 灭火抢险装备。具体可分为：灭火器、消防车、消防炮、消防栓、破拆工具、登高工具、消防照明、救生工具、常压、带压堵漏器材等。

(5) 医疗救护装备。具体可分为：多功能急救箱、伤员转运装备、现场急救装备等。

(6) 交通运输装备。如运输车辆、装卸设备等。

(7) 工程救援装备。如地下金属管线探测设备、起重设备、推土机、挖掘机、探照灯等。

(8) 应急技术装备。如用于支撑应急救援的通信、地理信息、堵漏等技术装备，如GPS(Global Positioning System，全球卫星定位系统)技术，GIS(Geographical Information System，地理信息系统)技术、无火花堵漏技术等。

**(三) 根据使用状态分类**

根据应急救援装备的使用状态，应急救援装备可分为日常应急救援装备和战时应急救援装备两类。

1. 日常应急装备

日常应急装备是指日常生产、工作、生活等状态正常情况下，仍然运行的应急通信、视频监控、气体监测等装备。

日常应急装备，主要包括用于日常管理的装备，如随时进行监控、接受报告的应急指挥大厅里配备的专用通信设施、视频监控设施等，以及进行动态监测的仪器仪表，如固定式可燃气体监测仪、大气监测仪、水质监测仪等。

2. 战时应急装备

战时应急装备，即指在出现事故险情或事故发生时，投入使用的应急救援装备。如灭火器、消防车、空气呼吸器、抽水机、排烟机等。

日常应急救援装备与战时应急装备不能严格区分，非此即彼，许多应急救援装备既有日常应急救援装备特点，又有战时应急救援装备特点。如水质监测仪，在生产、工作、生活等状态正常情况下主要是进行日常监测预警，在事故发生时，则是进行动态监测，确定应急救援行动是否结束。

## 三、 应急救援装备体系

应急救援对象及其发生事故情形的多样性、复杂性，决定了应急救援行动过程中要用到各种各样的装备，各种各样的装备必须组合使用。这种应急救援装备的多样性、组合性，决定了应急救援装备的系统性。每一次应急救援行动，无论大小，都须有一个应急救援装备体系作保障。

根据应急救援各种装备的具体功能，应急救援装备体系示意图如图 1-1 所示。

## 四、 应急救援装备保障要求

应急救援保障系统，包括通信与信息保障、人力资源保障、法制体系保障、技术支持保障、物资装备保障、培训演练保障、应急经费保障等诸多系统。应急装备保障是物资装备保障的重要内容。

应急救援装备保障总体要求，主要包括种类选择、数量确定、功能要求、使用培训、检修维护等方面。

### (一) 应急救援装备种类选择

应急救援装备的种类很多，同类产品在功能、使用、质量、价格等方面也存在很大差异，特别是国内外产品差距最为明显。那么如何进行类型选择呢？

#### 1. 根据法规要求进行配备

对法律法规明文要求必备的，必须配备到位。随着应急法制建设的推进，相关的专业应急救援规程、规定、标准必将出现。对于这些规程、标准、规定要求配备的装备必须依法配备到位。

#### 2. 根据预案要求进行种类选择

应急预案是应急准备与行动的重要指南，因此，应急救援装备必须依照应急预案的要求进行选择配备。

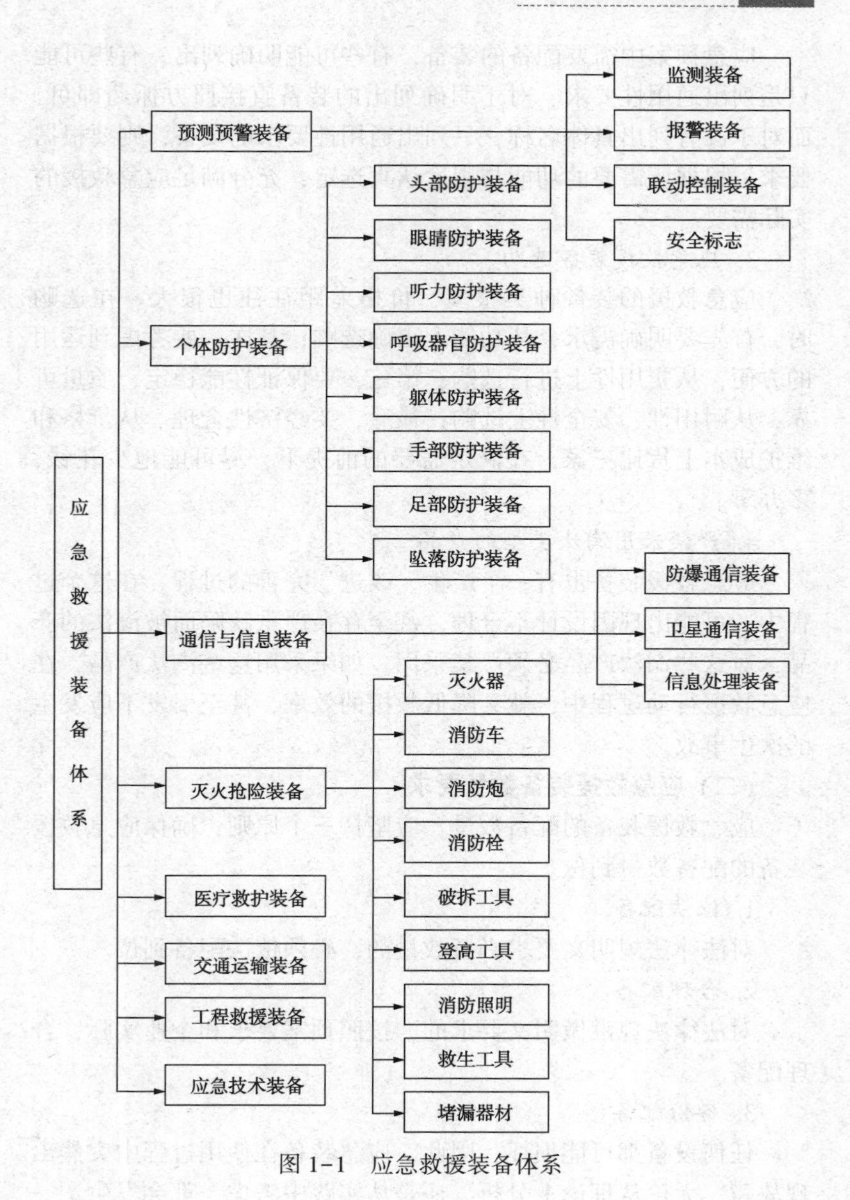


图 1-1　应急救援装备体系

应急预案中需要配备的装备，有些可能明确列出，有些可能只是列出通用性要求。对于明确列出的装备直接照方抓药即可，而对于没有列出具体名称，只列出通用性要求的设备，则要根据要求，根据所需要的功能与用途认真选定，充分满足应急救援的实际需要。

3. 应急救援装备选购

应急救援的装备种类很多，价格差距往往也很大。在选购时，首先要明确需求，从功能上正确选购；其次，要考虑到运用的方便，从实用性上进行选购；第三，要保证性能稳定，质量可靠，从耐用性、安全性上选购；最后，要经济性合理。从价格和维护成本上货比三家，在满足需要的前提下，尽可能地少花钱，多办事。

4. 严禁采用淘汰类型的产品

应急救援装备也有一个产生、改进、完善的过程，在这个过程中，可能出现因设计不合理，甚至存在严重缺陷而被淘汰的产品，对这些淘汰产品必须严禁采用。如果采用这些淘汰产品，在应急救援行动过程中，就会降低救援的效率，甚至引发不应发生的次生事故。

**（二）应急救援装备数量要求**

应急救援装备的配备数量，应坚持三个原则，确保应急救援装备的配备数量到位。

1. 依法配备

对法律法规明文要求必备数量的，必须依法配备到位。

2. 合理配备

对法律法规没做明文要求的，按照预案要求和企业实际，合理配备。

3. 备份配备

任何设备都可能损坏，因此，应急装备在使用过程中突然出现故障，无论从理论上分析，还是从实践中考虑，都会发生。一旦发生故障，不能正常使用，应急行动就可能被迫中断。譬如：总指挥的手机突然损坏，或电池耗尽，不能正常使用，指挥通信系统的中断，就很可能使应急救援行动处于等待指示的中断状态之中。又如，遇到氨气泄漏，如果只有一具空气呼吸器，此空气呼吸器出现故障不能正常使用或者余量不足，现场救援处置行动必将因此而停止。

遇到上述种种情况怎么办？最好的方法，就是事先进行双套备份配置，当设备出现故障不能正常使用，立即启用备用设备。

因此，对于一些特殊的应急装备，必须进行双套配置，譬如移动通信话机突然坏了，不能正常进行指挥，只有靠备用移动通信工具；空气呼吸器如果突然出现严重故障，不能正常使用，谁也不能冒险进入毒气区进行操作，如若不然，就必然造成事故的恶化。

对于双套配置的问题，要根据实际全面考虑。既不要怕花钱，也不能一概而论，造成过度投入，浪费资金。三个准则：一是保证救援行动不出现严重的中断，不受到严重影响；二是量力而行，有能力，尽可能双套配置，对一些关键设备如通信话机、电源、事故照明等必须双套配置，如能力不足则循序渐进，逐步配齐；三是考察装备稳定性，如稳定性很高，难以损坏，则可单套配置。

**（三）应急救援装备的功能要求**

应急救援装备的功能要求，就是要求应急救援装备应能完成预案所确定的任务。

特别注意，对于同样用途的装备，会因使用环境的差异出现不同的功能要求，这就必须根据实际需要提出相应的特殊功能要求。譬如，在高温潮湿的南方，在寒冷低温的北方，可燃气体监测仪、水质监测仪能否正常工作。许多情况下，应急装备都有其适用温度、湿度范围等限制，因此，在一些条件恶劣的特殊环境下，应该特别注意装备的适用性。如果不适用，就非但无益，反而有害了。

**（四）应急救援装备的使用要求**

应急救援装备是用来保障生命财产安全的“生命装备”，必须严格管理，正确使用，仔细维护，使其时刻处于良好的备用状态。同时，有关人员必须会用，确保其功能得到最大限度地发挥。

应急救援装备的使用要求，主要包括以下几个方面：

1. 专人管理，职责明确

应急救援装备，大到价值数百万的抢险救援车，小到普普通通的防毒面具，都应指定专人进行管理，明确管理要求，确保装备的妥善管理。

2. 严格培训，严格考核

要严格按照说明书要求，对使用者进行认真的培训，使其能够正确熟练地使用，并把对应急救援装备的正确使用，作为对相关人员的一项严格的考核要求。

要特别注意一些貌似简单，实为易出错环节的培训与考核。譬如，对防毒面具，许多人一看就明白，认为把橡胶面具拉开往脸上一戴就万事大吉了。其实不然，必须先拔开气塞，保证呼吸畅通，才能戴面具，如若不然，就可能发生窒息事故。这种不拔气塞就戴面具并憋得面红耳赤的事情，在紧急状况下屡见不鲜，主要原因就是心理紧张和操作不熟练。又如，对于可燃气体监测仪，使用前，必须先校零，只有消除零位飘移，才能保证监测数据的准确，如若不然，就会得出错误的结果，做出错误的决策。

**（五）应急救援装备的维护要求**

对应急装备，必须经常进行检查，正确维护，保持随时可用的状态，要不然，就可能不仅造成装备因维护不当而损坏，同时，会因为装备不能正常使用，而延误事故处置。应急装备的检查维护，必须形成制度化、规范化。应急装备的维护，主要包括两种形式：

1. 定期维护

根据说明书的要求，对有明确的维护周期的，按照规定的维护周期和项目进行定期维护，如可燃气体监测仪的定期标定、泡沫灭火剂的定期更换、灭火器的定期水压试验等。

2. 随机维护

对于没有明确维护周期的装备，要按照产品说明书的要求，进行经常性的检查，严格按照规定进行管理。发现异常，及时处理，随时保证装备完好可用。

# 第二章 监测预警装备

## 第一节 监测装备

在石油、石化行业，用于应急救援的监测装备，主要包括有毒有害气体监测仪，红外烟雾探测仪，红外热成像仪，环境监测仪器，生命探测器，红外测温仪，核放射探测仪，漏电探测仪，侦检机器人，地下管线、电缆影像仪，无人飞机等。

### 一、 有毒有害气体监测仪

**（一）生产过程中常见有毒有害气体**

在石油化工生产过程中，对财产与人的健康、生命造成危害的因素大体上可以分为物理、化学与生物三类，其中，化学因素的影响危害性最大，而有毒有害气体又是化学因素中最普遍、最常见的部分。

有毒有害气体分为可燃气体与有毒气体两大类。有毒气体又根据他们对人体不同的作用机理分为刺激性气体、窒息性气体和急性中毒的有机气体三大类。

其中，刺激性气体包括氯气、光气、双光气、二氧化硫、氮氧化物、甲醛、氨气、臭氧等气体。刺激性气体对机体作用的特点是对皮肤、黏膜有强烈的刺激作用，其中一些同时具有强烈的腐蚀作用。刺激性气体对机体的损伤程度与其在水中的溶解度与作用部位有关。

一般来说，水溶性大的化学物，如氯气、氨气、二氧化硫等对眼睛和上呼吸道迅速产生刺激作用，很快出现眼睛和上呼吸道的刺激症状；水溶性较小的化学物，如光气、二氧化氮等，对下呼吸道及肺泡的作用较明显。刺激性气体造成的病变的严重程度除化学物本身的性质外，最重要的是与接触化学物的浓度和时间密切相关。短期接触高浓度刺激性气体，可引起严重急性中毒，而长期接触低浓度则可造成慢性损伤。

急性刺激性气体中毒通常先出现眼睛及上呼吸道刺激症状，如眼结膜充血、流泪、流涕、咽干、咳嗽、胸闷等症状，随后这些症状可减轻或消失，经过几小时至几天不等的潜伏期后症状突然重现，很快加重，严重者可发生化学性支气管肺炎、肺水肿，表现为剧烈咳嗽、咯白色或粉红色泡沫痰、呼吸困难、发绀等，可因肺水肿或并发急性呼吸窘迫症等导致残废。

窒息性气体包括一氧化碳、硫化氢、氰氢酸、二氧化碳等气体。这些化合物进入机体后导致的组织细胞缺氧各不相同。一氧化碳进入体内后主要与红细胞的血红蛋白结合，形成碳氧血红蛋白，以致使红细胞失去携氧能力，组织细胞得不到足够的氧气。氰化氢进入机体后，氰离子直接作用于细胞色素氧化酶，使其失去传递电子能力，结果导致细胞不能摄取和利用氧，引起细胞内窒息。甲烷本身对机体无明显的毒害，其造成的组织细胞缺氧，实际是由于吸入气中氧浓度降低所致的缺氧性窒息。硫化氢进入机体后的作用是多方面的。硫化氢与氧化型细胞色素氧化酶中的三价铁结合，抑制细胞呼吸酶的活性，导致组织细胞缺氧硫化氢可与谷胱甘肽的巯基结合，使谷胱甘肽失活，加重了组织细胞的缺氧。另外，高浓度硫化氢通过对嗅神经、呼吸道黏膜神经及颈动脉窦和主动脉体的化学感受器的强烈刺激，导致呼吸麻痹，甚至猝死。

急性中毒的有机溶剂有正己烷、二氯甲烷等。这些有机挥发性化合物同以上无机有毒气体一样，也会对人体的呼吸系统与神经系统造成危害，有的致癌，如苯。由于有机化合物大多为可燃的物质，所以对于有机化合物的检测以前大多检测他的爆炸性，但有机化合物的最低爆炸极限远远大于它的MAC(空间最大允许浓度)的值。也就是说，对有机化合物的毒性进行检测是必要的，也是必需的。

可燃性气体的危害主要是气体燃烧引起爆炸，从而对财产与人的生命造成危害。但可燃气体发生爆炸必须具备一定的条件。一定量的可燃气体、足够的助燃气体与点火能量。以上三个条件缺一不可。通常将可燃气体发生爆炸的气体浓度称为最低爆炸极限，一般用LEL表示。对于可燃气体的检测一般检测它的LEL。

**(二) 有毒有害气体的检测原理与分类**

气体检测器的关键的部件为传感器。气体传感器从原理可以分为三大类：

(1) 利用物理化学性质的气体传感器：如半导体、催化燃烧、固体导热、光离子化等。

(2) 利用物理性质的气体传感器：如热导、光干涉、红外吸收等。

(3) 利用电化学性质的气体传感器：电流型、电势型等。

下面结合有毒有害气体检测常用的几种检测器来介绍他们的原理。

对于常见的可燃气LEL(爆炸下限)的检测，现在一般用催化燃烧检测器。通过该方法检测可燃气，分辨率较低，分辨率一般为1% LEL，大约为100ppm( $1ppm = 1\times10^{-6}$ )，所以，对于有机气体毒性的检测不能采用该检测方法。

对于常见有毒气体的检测，特别是无机毒气，一般采用专用的传感器进行检测。既定性又定量进行检测。该类传感器大多为电化学传感器。电化学传感器一般为三电极的形式，采用三电极的传感器的输出更稳定，寿命更长。

对于有机挥发性气体毒性的检测，以前一般采用检测管的方法，但由于检测管的种类有限，且准确度不高，操作麻烦，所以实际应用受到影响。目前，世界上比较先进的检测方法为光离子化检测方法，它的原理为，通过一紫外灯将目标气体电离，离子通过一传感器收集形成电流，该电流与目标气体的浓度成正比，从而实现对有机挥发性气体的定量检测，由于是离子级别的检测，所以该方法的分辨率高、响应时间快。

**（三）有毒有害气体监测仪分类**

(1) 按检测对象分类，有可燃性气体(含甲烷)检测报警仪、有毒气体检测报警仪、氧气检测报警仪。

(2) 按检测原理分类，可燃性气体检测有催化燃烧型、半导体型、热导型和红外线吸收型等；有毒气体检测有电化学型、半导体型等；氧气检测有电化学型等。

(3) 按使用方式分类，有便携式和固定式。

(4) 按使用场所分类，有常规型和防爆型。

(5) 按使用功能分类，有气体检测仪、气体报警仪和气体检测报警仪。

(6) 按采样方式分类，有扩散式和泵吸式。

(7) 按检测气体种分类，有单一式和复合式。

在石油化工生产中，使用最多的是可燃气体监测仪，一般而言，一台仪器一般对监测出甲烷、乙炔、氢气等几种甚至30多种易燃易爆气体浓度。

现在国内外的此类产品非常多，市场需求量大，可供选择的产品也多。

**（四）气体检测仪的选择**

对于各类不同的生产场合和检测要求，选择合适的气体检测仪很重要。要根据具体情况进行选择，具体如下：

1. 确认所要检测气体种类和浓度范围

在选择气体检测仪时就要考虑到所有可能发生的情况。如果甲烷和其他毒性较小的烷烃类居多，选择可燃气体检测仪无疑是最为合适的。这不仅是因为可燃气体 LEL 检测仪原理简单，应用较广，同时它还具有维修、校准方便的特点。

如果存在一氧化碳、硫化氢等有毒气体，就要优先选择一个特定气体检测仪才能保证工人的安全。

如果更多的是有机有毒有害气体，考虑到其可能引起人员中毒的浓度较低，比如芳香烃、卤代烃、氨(胺)、醚、醇、脂等，就应当选择光离子化检测仪，而绝对不要使用可燃气体 LEL 检测器应付，因为这可能会导致人员伤亡。

如果气体种类覆盖了以上几类气体，选择一个复合式气体检测仪可能会达到事半功倍的效果。

2. 根据使用场合进行选择

工业环境的不同，选择气体检测仪种类也不同。

(1) 固定式气体检测仪

这是在工业装置上和生产过程中使用较多的检测仪。它可以安装在特定的检测点上对特定的气体泄漏进行检测。固定式检测器一般为两体式，有传感器和变送组成的检测头为一体安装在检测现场，有电路、电源和显示报警装置组成的二次仪表为一体安装在安全场所，便于监视。它的检测原理同前节所述，只是在工艺和技术上更适合于固定检测所要求的连续、长时间稳定等特点。它们同样要根据现场气体的种类和浓度加以选择，同时还要注意将它们安装在特定气体最可能泄漏的部位，比如要根据气体的比重选择传感器安装的最有效的高度等。

(2) 便携式气体检测仪

由于便携式仪器操作方便，体积小巧，可以携带至不同的生产部位，电化学检测仪采用碱性电池供电，可连续使用 1000h；新型 LEL 检测仪、PID 和复合式仪器采用可充电池(有些已采用无记忆的镍氢或锂离子电池)，使得它们一般可以连续工作近 12h，所以，作为这类仪器在各类工厂和卫生部门的应用越来越广。如果是在开放的场合，比如敞开的工作车间使用这类仪器作为安全报警，可以使用随身佩戴的扩散式气体检测仪，因为它可以连续、实时、准确地显示现场的有毒有害气体的浓度。这类的新型仪器有的还配有振动警报附件，以避免在嘈杂环境中听不到声音报警，并安装计算机芯片来记录峰值、STEL（15min 短期暴露水平）和 TWA（8h 统计权重平均值），为工人健康和安全提供具体的指导。

如果是进入密闭空间，比如反应罐、储料罐或容器、下水道或其他地下管道、地下设施、农业密闭粮仓、铁路罐车、船运货舱、隧道等工作场合，在人员进入之前，就必须进行检测，而且要在密闭空间外进行检测。此时，就必须选择带有内置采样泵的多气体检测仪。因为密闭空间中不同部位（上、中、下）的气体分布和气体种类有很大的不同。比如：一般意义上的可燃气体的相对密度较轻，它们大部分分布于密闭空间的上部；一氧化碳和空气的相对密度差不多，一般分布于密闭空间的中部；像硫化氢、二氧化碳等较重气体则存在于密闭空间的下部。

同时，氧气浓度也是必须要检测的种类之一。另外，如果考虑到罐内可能的有机物质的挥发和泄漏，一个可以检测有机气体的检测仪也是需要的。

因此，一个完整的密闭空间气体检测仪，应当是一个具有内置泵吸功能，以便可以非接触、分部位检测；具有多气体检测功能，以检测不同空间分布的危险气体，包括无机气体和有机气体；具有氧检测功能，防止缺氧或富氧；体积小巧，不影响工人工作的便携式仪器。只有这样才能保证进入密闭空间的工作人员的绝对安全。

另外，进入密闭空间后，还要对其中的气体成分进行连续不断的检测，以避免由于人员进入、突发泄漏、温度等变化引起挥发性有机物或其他有毒有害气体的浓度变化。

如果用于应急事故、检漏和巡视，应当使用泵吸式、响应时间短、灵敏度和分辨率较高的仪器，这样可以很容易判断泄漏点的方位。在进行工业卫生检测和健康调查的情况时，具有数据记录和统计计算以及可以连接计算机等功能的仪器应用起来就非常方便。

目前，随着制造技术的发展，便携式多气体(复合式)检测仪也是我们的一个新的选择。由于这种检测仪可以在一台主机上配备所需的多个气体(无机/有机)检测传感器，所以它具有体积小、质量轻、相应快、同时多气体浓度显示的特点。更重要的是，泵吸式复合式气体检测仪的价格要比多个单一扩散式气体检测仪便宜一些，使用起来也更加方便。需要注意的是在选择这类检测仪时，最好选择具有单独开关各个传感器功能的仪器，以防止由于一个传感器损害影响其他传感器使用。同时，为了避免由于进水等堵塞吸气泵情况发生，选择具有停泵警报的智能泵设计的仪器也要安全一些。

**(五) 使用气体检测仪时需要注意的问题**

1. 注意经常校准和检测

有毒有害气体检测仪也同其他分析检测仪器一样，都是用相对比较的方法进行测定的：先用一个零气体和一个标准浓度的气体对仪器进行标定，得到标准曲线储存于仪器之中，测定时，仪器将待测气体浓度产生的电信号同标准浓度的电信号进行比较，计算得到准确的气体浓度值。因此，随时对仪器进行校零，经常性对仪器进行校准都是保证仪器测量准确的必不可少的工作。需要说明的是：目前很多气体检测仪都是可以更换检测传感器的，但是，这并不意味着一个检测仪可以随时配用不同的检测仪探头。不论何时，在更换探头时除了需要一定的传感器活化时间外，还必须对仪器进行重新校准。另外，建议在各类仪器在使用之前，对仪器用标气进行响应检测，以保证仪器真正起到保护的作用。

2. 注意各种不同传感器间的检测干扰

一般而言，每种传感器都对应一个特定的检测气体，但任何一种气体检测仪也不可能是绝对特效的。因此，在选择一种气体传感器时，都应当尽可能了解其他气体对该传感器的检测干扰，以保证它对于特定气体的准确检测。

3. 注意各类传感器的寿命

各类气体传感器都具有一定的使用年限，即寿命。一般来讲，在便携式仪器中，LEL 传感器的寿命较长，一般可以使用 3 年左右；光离子化检测仪的寿命为 4 年或更长一些；电化学特定气体传感器的寿命相对短一些，一般在 1~2 年；氧气传感器的寿命最短，大概在 1 年左右。电化学传感器的寿命取决于其中电解液的干涸，所以如果长时间不用，将其密封放在较低温度的环境中可以延长一定的使用寿命。固定式仪器由于体积相对较大，传感器的寿命也较长一些。因此，要随时对传感器进行检测，尽可能在传感器的有效期内使用，一旦失效，及时更换。

4. 注意检测仪器的浓度测量范围

各类有毒有害气体检测器都有其固定的检测范围。只有在其测定范围内完成测量，才能保证仪器准确地进行测定。而长时间超出测定范围进行测量，就可能对传感器造成永久性的破坏。比如，可燃气体 LEL 检测器，如果不慎在超过 100% LEL 的环境中使用，就有可能彻底烧毁传感器。而有毒气体检测器，长时间工作在较高浓度下使用也会造成损坏。所以，固定式仪器在使用时如果发出超限信号，要立即关闭测量电路，以保证传感器的安全。

总之，有毒有害气体检测仪是保证工业安全和工作人员健康的保障工具。要根据具体的使用环境场合以及需要的功能，选择合适的气体检测仪。

## 二、 红外烟雾探测仪

利用红外线进行火灾烟雾探测的仪器现在应用得非常普遍，而且安装简单，价格低廉。

烟雾探测器适用安装在少烟、禁烟场所探测烟雾离子，烟雾浓度超过限量时，传感器发出声光告警，并向采集器输出告警信号。

红外烟雾探测仪，一般使用 12V、24V 电压，可用锂电、镍电及交流转换电压等。安装一般采用吸顶固定式，用几个螺栓就可固定好。不可安装于高温度、高风速的地方，否则会影响灵敏度。

报警器通电之后，就处于工作状态，在工作状态发光二极管每分钟闪烁一次，当探测到烟雾时，本探测器发出清楚的脉动声光警讯，并同时输出信号供采集器识别，直到烟雾散去为止。按下测试器按钮并保持 3s 以上，烟雾传感器会发出清脆响亮的脉动报警信号，同时发光二极管快速闪烁；把烟雾吹入探测器中，烟雾传感器同时会发出警告信号。

为保持传感器工作效率良好，每隔一段时间(一般为半年)需清洁传感器，先把电源关掉，再用软毛刷轻扫灰尘便可，再把电源启动。

## 三、 红外热成像仪

红外热成像仪是一种将不同温度的物体发出的不可见红外线转变成可视图像的设备。

红外热成像仪原理，是通过红外摄像机将物体发出的红外线转变为可视黑白图像，物体之间相对温度的差别在其探测所得的黑白图像上体现为不同的灰度，物体温度高则相对较为明亮，反之则较暗，其分辨率可达 0.4℃。例如用热成像仪来观测一杯60℃的水，在常温背景下很亮，而在 25℃的房间里则很暗。

在失火现场可能有温度较高的火源，火焰的燃烧可能带来浓烈的烟雾，同时还有受困人员在失火现场需要救助。为了扑灭火源，需要了解火源的位置，火势燃烧情况，以及高温可燃气体得流动方向；为了救助人员，需要在遮挡视线的烟雾中搜寻。此时，红外热像仪将发挥其可以测温、可穿透烟雾性及成像的作用。

红外热像仪可以发现火源，并对火势做出温度分布显示，使救火人员对火势进行判断。由于火焰燃烧使得火焰周围的气体温度升高，并产生热流动，这样可以使用红外热像仪通过观察火焰周围气体的流动来预测火势的发展，避免因对火势认识不足造成无畏的人员伤亡及损失。

红外光可以穿透烟雾，因此，可以在有烟雾的失火现场通过红外热像仪的成像搜寻救助受困人员。消防人员利用热像仪在充满烟雾的房间内能看清险情，有助于他们躲避危险，并在很短时间内找到伤亡人员。在灭火时还可以推测扑灭未熄的火焰和余烬，以防止复燃。

红外热像仪可以通过它的测温功能监测防火现场的温度，当需要进行防火的区域温度升高到一定的程度，并有可能引发火灾时，热像仪可以报警。例如热像仪可以检测森林、粮食、棉花以及煤炭等的温度分布，它们在发生火灾前通常有低强度的隐火存在，利用红外热像仪可以发现隐火的位置、面积和强度。

在灭火救援战斗中它具有广泛的应用前景，主要用于在浓烟或黑暗环境中进行火情侦察和灭火战斗，亦可用于发现残火，预防复燃等。

**（一）红外热成像仪的主要应用功能**

（1）在灾害现场搜救遇险人员、寻找火源。

在火情侦察中，灵活地运用热成像仪可以为侦察工作带来很大便利，可帮助侦察人员透过烟雾看清前进道路，寻找受难人员，迅速查明起火部位和燃烧范围，发现潜在危险和火灾蔓延方向等。在利用热成像仪进行观测时，如果发现门、窗、墙的明亮程度不同，则可根据明亮程度的变化，判断出火势的强弱和蔓延方向。但同时也要注意分辨某些假象，例如玻璃能吸收和反射红外线，因此热成像仪无法透过玻璃观测火情，所探测到的图像可能是被玻璃反射而形成的，就像是一面镜子，容易给侦察人员造成错觉。

(2) 帮助战斗员控制射水方向，降低水流损失。

在灭火过程中，由于受到火灾烟气减光性的影响，战斗员很难看清火焰的具体位置，而热成像仪可为战斗员控制射水方向提供帮助。在火焰背景下，水流的温度相对较低，在探测图像上相对较暗，而火焰则较亮，可据此调整射水方向，将水枪射流直接喷射到火焰根部，使水流发挥最佳效能，迅速扑灭火灾，减少水流损失。

(3) 帮助救援人员发现潜在的危险。

在抢险救援现场，由于情况十分复杂，潜在危险很多，稍有不慎就可能产生严重的后果，热成像仪可帮助战斗员及时发现危险，并采取相应的措施。如果在火场上发现某个关闭完好的门、窗整体发亮，则说明其内部可能存在猛烈燃烧，在没有足够的供水强度为保障的情况下，不能贸然开启该处门、窗，防止火势迅速蔓延。另外，热成像仪可以帮助侦察人员发现某些化学物品的无焰燃烧，例如甲醇燃烧时，肉眼很难发现其火焰，因而给火情侦察工作带来很大困难，甚至造成人员伤亡，而通过热成像仪可以准确观测到燃烧发出的红外线，从而使侦察人员远离此类危险。

(4) 观测油罐火灾的热波，预测沸溢和喷溅。

在扑救油罐火灾时，由于油罐内油面上下温度存在较大差异，可用热成像仪进行观测，判断出罐内液面高度。在原油、重油火灾扑救过程中，通过热成像仪可以发现重质油品燃烧时产生的热波，并随时观测热波的下降状况，为火场指挥员判断沸溢和喷溅何时发生提供科学的依据，以防造成更大损失。

(5) 快速清理火场。

由于发生阴燃处的物体表面温度相对较高，在探测所得的图像上体现为相对较亮，在清理火场时，运用热成像仪对火场进行观测，可以很清楚地探测到正在阴燃的残火，从而能有效地防止复燃。

此外，在防火检查工作中可用它来发现电气设备及其线路的异常发热点等。

**（二）热成像仪的维护保养**

（1）在用热成像仪进行观测时，应注意不能将其镜头完全对准高温物体或火焰，应使图像中包含有部分低温物体。物体之间的温度差越大，图像清晰度也就越高，并且能够有效防止过高温度引起内部电流异常，导致仪器自动停机保护功能启动，从而无法正常使用。

（2）开机启动时，镜头不能对着高温物体（如太阳、火焰等），防止仪器因自动保护功能未启动而发生损坏。

（3）每周至少启动热成像仪 1~2 次，每次运行几分钟，防止仪器因长期不使用而发生故障。

（4）镜头应注意保护，必须用专用镜头纸进行擦拭。

（5）保存环境要通风、干燥，避免阳光曝晒。

## 四、环境监测仪器

石油化工生产事故，一般都会对周围的大气、水源造成或轻或重的污染。如果监测不及时，处理不及时，就会引发次生伤害，如饮用水源污染，会导致人群的集体中毒，造成不可估量的后果。2005 年 11 月 13 日，吉林某双苯厂苯胺装置硝化单元发生着火爆炸事故，不仅造成 60 多人伤亡，而且还造成松花江严重污染，哈尔滨全市停水 4 天，并跨越国境影响到了俄罗斯。因此，石油化工事故发生后，必须对大气、水质进行严格监测。

大气、水质分析仪器，有固定式、便携式，系统式、单机式等多个种类。对石油化工突发性环境污染事故监测，一般使用便携式现场应急监测仪器，其主要特点为小型、便于携带及快速监测。

1. 便携式分光光度计

用于现场监测的便携式分光光度计，测试组件一般包括氰化物、氨氮、酚类、苯胺类、砷、汞及钡等毒性强的项目。

2. 小型有毒有害气体监测仪

用于现场有毒有害气体监测的小型便携式仪器，主要监测项目有CO、$Cl_2$、$H_2S$、$SO_2$及可燃气监测等。

3. 简易快速检测管

用于快速定量或半定量检测水中或空气中有害成分的现场用简易装置，主要监测项目有CO、$Cl_2$、$H_2S$、$SO_2$、可燃气、氨氮、酚、六价铬、氰、硫化物及COD等。

水质监测项目一般分为水质常规五参数和其他项目，水质常规五参数包括温度、pH、溶解氧（DO）、电导率和浊度，其他项目包括高锰酸盐指数、总有机碳（TOC）、总氮（TN）、总磷（TP）及氨氮（$NH_3$-N）等。

对于大范围的环境污染状况与生态环境状况的监测，可采用环境遥感监测系统。如监测河上、海上溢油；监测各排污口排污状况；远距离监测污染源烟尘、烟气排放情况以及发生赤潮的面积、程度等，实现环境预报监测。

目前，环境监测仪器将向高质量、多功能、集成化、自动化、系统化和智能化，物理、化学、生物、电子、光学等技术综合应用的高技术领域发展。

## 五、 生命探测器

生命探测器是采用不同的电子探头即微电子处理器，识别空气或固体中传播的微小振动，如呼吸、呻吟、敲击等，以探测搜索被倒塌建筑物、树丛等所遮掩埋的生命。是一种在坍塌建筑和狭窄空间中快速、精确营救被困人的仪器。目前有音频和视频两种。

生命探测器提供抢救人员在进入搜救现场时，先行确认其内部是否有人存活，减低抢救人员搜救时的危险程度，并在第一时间侦测出任何遮挡物背后的生存者。

**（一）音频生命探测仪**

当幸存者被混凝土、瓦砾或其他固体结构层层包围或埋在地下时，他们所发出的声波会被周围结构吸收或阻隔，因而救援者不会接收到任何声音信息。而生命探测器利用特殊的电子收听装置(微电子处理器)，识别在空气或固体中传播的微小振动(即来自受害者的声音，如呼喊、敲声等)并将其多极放大转换成视听信号，同时可将背景噪声过滤掉。在数层厚的坍塌建筑中，它能探测而且能确定幸存者的具体位置。如果将对讲机探头放在幸存者被困的位置，则可捕捉到清醒或昏迷的幸存者的声音信号，并可实现双向对话。

由于生命探测器可探测低至1Hz的次声波的特殊性能，还可用于矿业救援，可在土壤和岩石结构中探测到异乎寻常的深度。生命探测器还可用于环境监视、人质动向的监控及对企图通过隧道或其他障碍物越狱罪犯的监控。

1. 性能特点

体积小，质量轻，携带方便，操作简单；全方位声音传感器，探测频率：1～3000Hz；可同时接收六个传感器的信息；可同时波谱显示任意两个传感器的信息；单声道/立体声监听可选；配有小型对讲机(带麦克风)，可探测以空气为载体的声波，可同幸存者对话。

2. 构造

由主机、传感器、电池、连接电缆、多向麦克风组成。

3. 使用前的准备工作

（1）检查电池状态：打开电源开关，此时有持续2s的蜂鸣声，同时电池低电压报警灯不亮，证明电池状态完好。

（2）关闭电源开关。

（3）连接传感器：将传感器电缆插头同主机上对应号码的插

孔连接。

(4) 传感器分布：根据搜索现场情况及所购系统的传感器数量，合理放置传感器，使之达到最佳的搜索效果。

(5) 连接侦听耳机：将耳机插头插入主机上的耳机插孔内，完成连接。

(6) 接通电源：打开电源开关，此时主机开始工作。

(7) 检查传感器连接状态：通过传感器选择开关，检查是否所有传感器在屏幕上均有信号显示。如果某一个传感器无信号显示，需要更新连接及检查。

(8) 滤波功能检查：所有滤波选择开关均为触摸键，按下之后指示灯亮，证明滤波功能完好。

(9) 检查侦听耳机：利用某一传感器的人为敲击，打开耳机开关，如果听到敲击声，则证明耳机工作正常。

(10) 连接对讲探头和检查：必要时将对讲探头同主机连接，如果在耳机中听到对讲探头声音，证明连接状态正常。

4. 搜索

(1) 布置传感器

根据现场情况和传感器的数量，合理分布传感器。

(2) 定位

根据遇险人员发出的声音等，移动传感器的位置及选择不同传感器的显示，以确定幸存者的位置。

**(二) 蛇眼生命探测仪**

1. 用途

主要用于建筑物倒塌、地震等灾害现场寻找被困人员，可以和超声波生命探测仪配套使用。

2. 组成

由显示器、充电器、电池、手柄、摄像头、光缆、手指环等组成。

3. 操作

装上电池，连接好摄像头、手柄、光缆、显示器，然后打开显示器开关，就可以操作了。

**（三）生命探测仪的储存**

关闭主机电源；卸下各个传感器电缆；将电缆同传感器盘上。生命探测器的存放、运输与使用，应轻拿轻放，严格按产品说明书要求进行使用与维护。

## 六、 红外测温仪

可用于测量火场上建筑物、受辐射的液化石油气储罐、油罐及其他化工装置等的温度。测温范围一般可从零下数十摄氏度到零上千摄氏度。

## 七、 核放射探测仪

核放射探测仪是检测环境中的α、β、γ和X射线的安全检测仪器。现今的核放射探测仪可直接将探测的结果显示在LCD上，用户可根据需要，选择合适的计量单位。

核放射探测仪使用注意事项：

（1）不要接触放射性物质或其表面，以免污染核放射探测仪。

（2）不要将核放射探测仪置于38℃高温下或直接暴露在阳光下过长时间。

（3）避免将核放射探测仪弄潮弄湿。进水会导致短路或损坏盖革记数管的云母(一种硅酸铝化合物)表面的涂层。

（4）避免将传感探测口在阳光直接照射下直接测量。

（5）严禁将核放射探测仪放入微波炉内。它不可以用来测量微波，这样做可能会损坏仪器或微波炉。

（6）避免在高频无线电、微波、静电、电磁场环境下使用核放射探测仪，仪器在此类环境中会极其敏感，从而导致工作失常。

(7) 如果估计在1个月以内都不会用到核放射探测仪，应将电池取出，以防止电池腐烂，损坏仪器。

(8) 当显示屏上电池电量读数过低时，要迅速更换电池。

(9) 在使用、储存过程中，应轻拿轻放。

## 八、漏电探测仪

漏电探测仪主要用来探测漏电位置及确定断路短路等情况。漏电探测仪无须接触电源，即可探测安全距离范围内的交流泄漏电源，接近泄漏电源时，声光报警。

漏电探测仪对直流电无效。一般探测仪可探测电压：120V/60Hz 或 220V/50Hz；7.2kV/50Hz 或 15kV/50Hz。探测仪还可鉴别电源断路或短路。

## 九、侦检机器人

在石油、石化等生产作业中，一旦发生有毒有害气体、液体泄漏，如果人进入泄漏区监测，即便佩带了一定的防护装备，也容易因监测时间过长、设备密闭性减弱、在监测过程中突发爆炸等意外因素，对人员造成伤害。如果，运用侦检机器人，就可以远距离遥控操作，既可以长时间连续监测，并进行简单的处理操作，又可以从根本上保障了救援人员的安全，防止事故的扩大化。

侦检机器人，一般配备有毒有害气体监测仪、摄像机，简单的操作臂，并能进行一定的转向爬坡等操作。

## 十、地下管线、电缆影像仪

地下管线、电缆影像仪是具有多组全方位天线阵组合特点的具有绘图功能的管线探测仪器。这使得它的抗干扰能力更强，探测精度更高。是一款全自动、高智能但操作却异常简单的傻瓜机器。

地下管线、电缆影像仪的主要特点：

（1）全方位天线阵组合，抗干扰能力更强，探测精度更高。

（2）管线影像实时显示和左右箭头指示功能，更方便判断管线的方向和位置。

（3）连续显示管线深度和当前电流，便于区别复杂区域的目标管线。

（4）强大的区间频率，使得该仪器具有强大的无源探测能力。

（5）对有支管或构成网状的管线也能进行有效的检测，对地埋管线的定位和破损点检测由同一仪器同时进行，提供管线状况的全面资料，能迅速准确地检测出电缆所发生的故障。

（6）操作简单、携带方便，一人可完成操作。

地下管线、电缆影像仪的主要功能：

（1）带电与不带电电缆的路径查找。

（2）金属管线的路径查找。

（3）地埋电缆的故障定位。

（4）在不开挖的条件下检测，对直埋电缆的外皮破损点进行定位。

### 十一、无人飞机

无人飞机主要功能是侦察火情，在这方面具有不可替代的优势。无人机上安装有摄像、照相设备，可以在高空直接摄录火灾现场的情况，并及时反馈到地面指挥台，为火场指挥员制定灭火抢险救援战术提供可靠依据。

## 第二节　预警装备

报警器的种类很多，主要包括与易燃易爆气体浓度、液位、温度、压力等监测仪表相连接的监测报警器、手摇式报警器、报警电话、防爆喇叭、脉冲呼救器等。根据报警器的设置方式，报警器可分为移动式(也叫便携式)、固定式。随着电子信息技术的发展，又开发出了遥控式报警器。

## 一、 监测报警器

监测报警器，是与监测仪器联动的报警装置。即事先为报警器设定一个参数，监测报警器接收来自监测仪表的信号，当监测数值达到设定值时，报警器随之启动，发出警报信号。老式报警器一般采用闪光式或蜂鸣式。现代报警器则一般都是同时采取声光两种报警方式。这种报警器，主要用来监测易燃易爆气体浓度、氧气浓度、烟雾浓度、液位、压力、温度、漏电量等是否超标。在应急救援工作中，便携式报警器最为常用。

监测报警器，一般只是向生产操作人员、随机监测人员提供报警，以及时采取相应的措施，进行处置。当前，监测报警器在石油化工、电力等生产中的应用越来越普遍。

## 二、 手摇式报警器

手摇式报警器，无须电源，可以在无电源支持的场所如公路、山间、水上等，提供一种有效的警报。通过摇动手柄提供动力，警报声音大小取决于摇动手柄的速度，一般警报距离可达数公里。该警报器在一些偏僻的加油站、公路运输、施工作业场所等具有良好的报警功能。这种报警器，主要用来向周边的居民、人员提供事故状态、紧急撤离等事故示警作用，避免人员伤亡。在断电情况下，手摇报警器具有不可替代的重要作用。

手摇报警器，也可以用来表示方位，以顺利获得外界救助。

## 三、 呼救器

现在开发应用的较为成熟的是脉冲呼救器报警，主要用在消防专业人员装备上。这种呼救器方块状、大如香烟盒，类似传呼机，可别在腰间皮带上，设有脉冲开关，具有报警和联络的主要功能。

当进入火场后，消防员因烟熏、窒息、中毒、建筑物砸撞等情况受伤昏迷时，从人体基本静止起 10s，该呼吸器即发出报警音响信号，以便搜救人员获悉准确位置进行救援；当消防员进入火场，因抢救受难人员迷失方向，或遇其他紧急情况需要召唤同伴时，可开启手动开关进行必要联络。

## 四、手表式近电报警器

手表式近电报警器，是指在接近危险电压时，能够自动报警的手表。

## 五、信号枪

信号枪作为军事上的辅助装备，主要用于夜间战场小范围的信号、照明与观察，指示军事行动或显示战场情况以帮助指战员做出正确判断，因而是一种必不可少的装备。现在，信号枪在工业生产中也被使用，如海上或沙漠中搜索、营救以及夜间管理等。

## 六、手持发射火箭

手持发射火箭采用旋转稳定式工作原理，精度较高。星光体的颜色有红、绿、黄三种，可单独或组合成各种不同的信号。

该信号火箭的管状壳体内装有发射机构、固体燃料发动机和信号弹。发射后，抛出一个单色、无伞的星光体，当它飞行到弹道最高点后，发光的星光体自由下落以显示信号。

该信号火箭既可垂直发射，也可以一定的角度发射。

## 七、手持发射伞式信号弹

手持发射伞式信号弹，即可作为军事通信联络信号，也可作为民用遇险求救信号。信号弹由塑料发射管、伞式红色星光体、抛射药及摩擦点火装置组成。其特点是结构简单，发光持续时间长，亮度大，且最小射高可达 300m。发射时，利用隐藏在塑料发射管底部的摩擦点火装置发射。点火装置约有 2s 的延迟时间，足以保证发射者在拉出点火绳、并用双手紧握发射管后，信号弹才被发射出去。

## 八、 安全标志

安全标志，主要包括安全标志牌和安全标志带两大类。

**(一) 安全标志牌**

安全标志，是用以表达特定安全信息的标志，由图形符号、安全色、几何形状(边框)或文字构成。安全标志是指操作人员容易产生错误而造成事故的场所，为了确保安全，提醒操作人员注意所采用的一种特殊标志。目的是引起人们对不安全因素的注意，预防事故的发生，安全标志不能代替安全操作规程和保护措施。在事故应急处置中，也要用到许多安全标志，以规范相关人员的行为，提高应急救援的效率，防范事故的恶化。

1. 安全色及其含义

国家规定的安全色有红、蓝、黄、绿四种颜色，其含义是：红色表示禁止，停止(也表示防火)；蓝色表示指令或必须遵守的规定；黄色表示警告、注意；绿色表示提示、安全状态、通行。

2. 安全标志分类

(1) 按其含义分类

安全标志，按其含义可分库禁止标志、警告标志、指令标志和提示标志四大类型。

禁止标志的含义是禁止人们不安全行为的图形标志，其基本形式是带斜杠的圆边框。

警告标志的基本含义是提醒人们对周围环境引起注意，以避免可能发生危险的图形标志，其基本形式是正三角形边框。

指令标志的含义是强制人们必须做出某种动作或采用防范措施的图形标志，其基本形式是圆形边框。

提示标志的含义是向人们提供某种信息(如标明安全设施或场所等)的图形标志，其基本形式是正方形边框。

在上述四种基本类型中，常要用到文字辅助标志，以使表达的含义更明确，更清晰。文字辅助标志的基本形式是矩形边框。

文字辅助标志有横写和竖写两种形式。

横写时，文字辅助标志写在标志的下方，可以和标志连在一起，也可以分开。

禁止标志、指令标志为白色字；警告标志为黑色字。禁止标志、指令标志衬底色为标志的颜色，警告标志衬底色为白色。

竖写时，文字辅助标志写在标志杆的上部。

禁止标志、警告标志、指令标志、提示标志均为白色衬底，黑色字。标志杆下部色带的颜色应和标志的颜色相一致。

(2) 按照使用目的分类

安全标志根据使用目的，可以分为9种：

① 防火标志(有发生火为危险的场所，有易燃易爆危险的物质及位置，防火、灭火设备位置)；

② 禁止标志(所禁止的危险行动)；

③ 危险标志(有直接危险性的物体和场所并对危险状态作警告)；

④ 注意标志(由于不安全行为或不注意就有危险的场所)；

⑤ 救护标志；

⑥ 小心标志；

⑦ 放射性标志；

⑧ 方向标志；

⑨ 指导标志。

3. 安全标志牌的结构及材质

(1) 安全标志牌要有衬边。除警告标志边框用黄色勾边外，其余全部用白色将边框勾一窄边，即为安全标志的衬边，衬边宽度为标志边长或直径的 0.025 倍。

（2）标志牌的材质。安全标志牌应采用坚固耐用的材料制作，一般不宜使用遇水变形、变质或易燃的材料。有触电危险的作业场所应使用绝缘材料。

（3）标志牌应图形清楚，无毛刺、孔洞和影响使用的任何疵病。

4. 安全标志牌的设置高度

标志牌设置的高度，应尽量与人眼的视线高度相一致。悬挂式和柱式的环境信息标志牌的下缘距地面的高度不宜小于 2m；局部信息标志的设置高度应视具体情况确定。

5. 使用安全标志牌的要求

（1）标志牌应设在与安全有关的醒目地方，并使大家看见后，有足够的时间来注意它所表示的内容。环境信息标志宜设在有关场所的入口处和醒目处；局部信息标志应设在所涉及的相应危险地点或设备(部件)附近的醒目处。

（2）标志牌不应设在门、窗、架等可移动的物体上，以免这些物体位置移动后，看不见安全标志。标志牌前不得放置妨碍认读的障碍物。

（3）标志牌的平面与视线夹角应接近 90°，观察者位于最大观察距离时，最小夹角不低于 75°。

（4）标志牌应设置在明亮的环境中。

（5）多个标志牌在一起设置时，应按警告、禁止、指令、提示类型的顺序，先左后右、先上后下地排列。

（6）标志牌的固定方式分附着式、悬挂式和柱式三种。悬挂式和附着式的固定应稳固不倾斜，柱式的标志牌和支架应牢固地连接在一起。

（7）定期检查，定期清洗，发现有变形，损坏，变色，图形符号脱落，亮度老化等现象存在时，应立即更换或修理，从而使之保持良好状况。

（8）安全标志不应设置于移动物体上，例如门。因为物体位置的任何变化都会造成对标志观察变得模糊不清。

**（二）安全标志带**

主要用于划定警戒区域及引导逃生路线使用。

安全标志带有普通彩带及夜光膜安全标志指示带等种类。

夜光膜安全标志指示带，是受光、蓄光、发光型的长余辉夜光材料制作而成，具有发光系数高，适用于隧道、地铁、煤井、山洞及大型建筑物的应急逃生指示标志。

普通彩带一般只起简单的区域警戒。对于夜色仍须限定警戒区域的操作，应采用夜光膜安全标志指示带。

# 第三章 个体防护装备

## 第一节 头部防护装备

头部受到撞击，受伤和死亡的危险性最大。头部受到冲击，很容易引起脑震荡、颅内出血、脑膜挫伤、颅骨伤害等，轻则致伤，重则致死。因此，在石油化工企业必须严格佩戴安全帽，以免头部受到意外伤害引起危及生命安全与健康。

头部防护用品是为防御头部不受外来物体打击和其他因素危害而配备的个人防护装备。

根据防护功能要求，目前主要有一般防护帽、防尘帽、防水帽、防寒帽、安全帽、防静电帽、防高温帽、防电磁辐射帽、防昆虫帽等几类产品。

安全帽是避免或减轻坠落物及其他特定因素等外来冲击物伤害人体头部的主要防护用品。安全帽由有一定强度的帽壳和帽衬、下颏带及附件组成。在帽衬与帽壳的衔接处留有一定的空间、构成空间缓冲层，以承受和分散坠落物的瞬间冲击力。被缓冲层吸收的力可达三分之二以上，余下部分经帽衬的整个面积传导给人头部，使受力得到缓冲，避免或减轻头部的伤害。

安全帽的构成、技术参数、正确选用、使用期等情况如下。

## 一、 安全帽构成

1. 帽壳

安全帽的帽壳，包括帽舌、帽檐、顶筋、透气孔、插座、拴衬带孔及下颏带挂座等。

（1）帽舌。帽壳前部伸出的部分。

（2）帽檐。帽壳除帽舌外周围伸出的部分。

（3）顶筋。用来增强帽壳顶部强度的部分。

2. 帽衬组成

（1）帽衬。即帽壳内部部件的总称。包括帽箍、衬带、吸汗带、缓冲垫等。

（2）帽箍。绕头围部分起固定作用的带圈。

（3）衬带。与头顶部直接接触的带子。

（4）吸汗带。附加在帽箍外面的带状吸汗材料。

（5）缓冲垫。帽箍和帽壳之间起缓冲作用的垫。

3. 下颏带及其结构

（1）下颏带。系在下巴上，起辅助固定作的带子。由系带、锁紧卡组成。

（2）锁紧卡。调节与固定系带有效长度的零部件。

（3）插接。帽壳和帽衬采用插合连接的方式。

（4）栓接。帽壳和帽衬采用栓绳连接的方式。

4. 结构形式要求

帽壳顶部应加强。可以制成光顶或有筋结构。帽壳制成无檐、有檐或卷边。塑料帽衬应制成有后箍的结构，能自由调节帽箍大小。无后箍帽衬的下颏带制成 Y 形，有后箍的，允许制成单根。接触头前额部的帽箍，要透气、吸汗。帽箍周围的缓冲垫，可以制成条形或块状，并留有空间使空气流通。

## 二、 安全帽分类

各种安全帽按不同材料、外形、作业场所进行分类。

1. 按材料分类

可分为工程塑料、橡胶料、纸胶料、植物料等。

2. 按照外形分类

可分为无檐、小檐、卷边、中檐、大檐等。

3. 按照作业场所分类

可分为一般作业和特殊作业。Y 表示一般作业类别的安全帽，T 表示特殊作业类别的安全帽。

## 三、 安全帽选用

1. 防寒安全帽

适用于北方严寒地区冬季露天作业，它有保暖性好的特性。

2. 大檐帽

适用于露天作业，可以兼防日晒和雨淋。小檐帽适用于室内、隧道、井巷、涵洞、森林、脚手架上等活动范围小、易出现帽檐碰撞的场所。

3. 特殊作业场所用安全帽

特殊作业场所，应根据作业要求，针对特殊安全帽的电绝缘性、阻燃性、侧向刚性、抗静电性以及耐辐射热性选用。

4. 安全帽的颜色选择

安全帽的颜色应根据作业环境的场所和作业人员来选用。如在森林中，红色、橘红色安全帽醒目，作业人员易于被发现；爆炸性作业场所，宜戴大红安全帽；作业场所人员职务不同，安全帽的颜色可以有所区别，这样便于组织施工。

## 四、 安全帽使用和保管应注意的问题

不正确佩戴会导致在事故状态下，安全帽不能起到充分的防

护作用。据不完全统计，坠落物伤人事故中，有 15% 是由于安全帽使用不当造成的。因此，不能认为戴上安全帽就能保证头部安全了。在使用过程中，必须注意以下问题：

（1）使用之前，严格仔细检查外观是否有裂纹，帽衬是否完整等缺陷。如有缺陷，及时检验，该更换的及时更换。

（2）不能随意拆卸安全帽的各部件，以免影响整体防护功能。

（3）不能随意调节帽衬的尺寸，避免降低承力标准。

（4）安全帽要戴正、戴牢，不能晃动，特别是下颏带要系紧，调节好后箍，以防脱落。

（5）不能私自在安全帽上打孔，以增加透气性。也不能将安全帽当凳坐，以免造成磨损，降低强度。

（6）受过一次冲击或做过试验的安全帽应报废，不能再继续使用。

（7）不放在酸、碱、高温、日晒、潮湿等环境中，以防老化，更不可和硬物放在一起，以免撞击损坏。

（8）必须看好使用期。超过使用期，即便外观完好，也应在检测后才能使用。如未检测，必须坚决报废。

## 第二节 眼面部防护装备

眼面部防护用品种类很多，依据防护部位和性能，分为紧急洗眼器、防护眼镜和防护面罩 3 种。

### 一、 洗眼器

当出现有毒有害化学液体物质或者有毒物质颗粒物喷溅到工作人员的眼部、面部、脖子或者手臂等地方的时候，使用洗眼器的洗眼系统进行清洗上述部位；根据美国 ANSI Z358-1 2004 洗眼器标准，洗眼的流水量应为 12~18L/min。

1. 洗眼器类型

根据功能不同，洗眼器可以分为复合式洗眼器、单一式洗眼器两种。复合式洗眼器，既可以通过喷淋清洗染毒的服装与身体，也可以清洗眼部、面部、脖子或者手臂等地方。

根据洗眼器的供水源不同，可以分为固定式洗眼器、移动式洗眼器。移动式洗眼器，又称便携式洗眼器。

2. 洗眼器的选择步骤

（1）根据使用洗眼器现场的化学物质来确定。

假如使用洗眼器的现场存在着氯化物、氟化物、硫酸和浓度超过50%的草酸等化学品物质，那么就需要选择进口ABS洗眼器或者选择高性能抗腐蚀系列洗眼器。因为制造洗眼器产品的材料一般是采用304不锈钢。304不锈钢是一种通用性的不锈钢，它广泛地用于制作要求良好综合性能（耐腐蚀和成型性）的设备和机件。可以抗一般性的酸、碱、盐和油类等化学品物质的腐蚀，但是没有抗氯化物、氟化物、硫酸和浓度超过50%的草酸等化学品物质腐蚀的能力。

（2）根据使用洗眼器的现场温度来选择。

使用现场的温度主要是取决于冬天使用洗眼器的环境温度，假如冬天使用洗眼器的环境温度在0℃以下，水会结冰的地区，就需要考虑使用防冻型洗眼器、电伴热洗眼器或者是电加热洗眼器，可以有效地防止洗眼器里面的积水结冰，而影响洗眼器的正常使用。

特别提醒：电伴热洗眼器只有保温防冻作用，没有办法提高洗眼和喷淋的水温。需要有效地提高洗眼和喷淋水温的，必须使用电加热洗眼器。

（3）根据使用洗眼器的系统来决定。

需要喷淋和洗眼的，可以选择复合式洗眼器系列产品；只需要洗眼系统的，可以选择除了复合式洗眼器以外的其他洗眼器系列产品。

（4）根据使用洗眼器的现场是否有固定水源来选择。

现场有固定水源的，可以选择固定式洗眼器；现场没有固定水源的，需要选择便携式洗眼器(移动式洗眼器)。

## 二、防护眼镜

防护眼镜是在眼镜架内装有各种护目镜片，防止不同有害物质伤害眼睛的眼部防护具，如防冲击、辐射、化学药品等防护眼镜。

1. 防护眼镜种类

防护眼镜、眼罩按照外形结构分别分为普通型、带侧光板型、开放型和封闭型。具体见表3-1。

表3-1　防护眼镜、眼罩类型及代号

| 名称 | 眼镜 | | 眼罩 | |
|---|---|---|---|---|
| 代号 | A-1 | A-2 | B-1 | B-2 |
| 样型 | 普通型 | 带侧光板型 | 开放型 | 封闭型 |

防护眼镜的标志由防护种类、材料和其他(包括遮光号、波长、密度等)组成。分类及代号见表3-2。

表3-2　防护眼镜分类及代号

| 防 护 种 类 | | 滤光片材质(字母代号) | | |
|---|---|---|---|---|
| 名称 | 代号 | 玻璃 | 塑料 | 镀膜 |
| 防辐射光(焊接、炉窑) | FS | B | — | — |
| 防太阳光 | TY | B | S | M |
| 防冲击 | CJ | B | S | — |
| 防激光 | JG | B | S | M |
| 防微波 | WB | B | — | M |
| 防辐射 | SX | B | — | — |
| 防烟尘 | YC | — | S | — |
| 防化学飞溅物 | XY | — | S | — |

2. 化学护目镜

化学护目镜，是用来保护眼部免受化学品伤害如化学品溅入眼睛的专用眼镜。

化学护目镜一般采用聚乙烯材料，质量轻，佩戴舒适。单片聚碳酸镜片，视野宽广。化学护目镜一般有防雾、不防雾两种。较为先进的是采用间接通风设计，内侧防雾。防化学飞溅、灰尘及撞击。

3. 防冲击眼镜

防冲击眼镜是用来防止高速粒子对眼部的冲击伤害的，主要是大型切削、破碎、研磨、清砂、木工、建筑、开山、凿岩等各种机械加工行业的作业人员使用。

（1）有机玻璃眼镜(眼罩)

这种眼护具透明度良好，质性坚韧，有弹性，耐低温，质量轻，耐冲击强度比普通玻璃高 10 倍。但是，耐高温、耐磨性差。主要用于金属切削加工、金属磨光、锻压工件、粉碎金属或石块等作业场所。

（2）CR-39 眼镜(眼罩)

这是一种强度性能较好的塑胶片，特点是质量轻、强度高、抗冲击性能好，耐磨性能仅次于玻璃。

（3）钢双纱外网防护眼镜

这是用金属制成的圆形镜架，镜框分内外两层，内层配装圆形平光玻璃镜片，安装镜脚。外层配装钢丝经纬网纱，上缘与内层框架上缘以可控扣件连接，下缘设有钩卡，镜架两侧外缘至太阳穴处，内外镜架连接。

佩戴时，双层镜框重叠，可防止正面和侧面飞溅物对眼睛的冲击伤害。钢丝纱网会降低能见度，在需要时可以把外层网框下缘的卡钩启开，向上推动 90°与视线平行，其上缘可控扣件能稳定外框角度，控制下垂。这种防护镜适用于金属切削、碾碎物料的作业场所，但不宜在高温和有触电危险的作业场所使用。

(4) 钢化玻璃眼镜

这是由普通玻璃经 800~900℃高温加热以后，再进行急剧冷却处理，使其内部结构应力发生改变，提高抗冲击强度制成的眼镜。这种钢化玻璃片能承受较大的冲击，即使破裂也不产生碎片，其光学性能不发生任何改变。

## 三、 防护面罩

防护面罩是防止有害物质伤害眼面部(包括颈部)的护具，分为手持式、头戴式、全面罩、半面罩等多种形式。面罩分类、代号及其示意图见表 3-3。

**表 3-3 面罩分类、代号**

| 名称 | 手持式 | 头戴式 | | 安全帽与面罩连接式 | | 头盔式 |
|---|---|---|---|---|---|---|
| 代号 | HM-1 | HM-2 | | HM-3 | | HM-4 |
| | | HM-2-A | HM-2-B | HM-3-A | HM-3-B | |
| | 全面罩 | 全面罩 | 半面罩 | 全面罩 | 半面罩 | |
| 样型 | | | | | | |

## 四、 焊接眼面护具

焊接眼面护具是指各类焊接工用来防御有害弧光、熔融金属飞溅或粉尘等有害因素对眼睛、面部(含颈部)伤害的护具。

1. 焊接眼护具分类

焊接眼护具分类，包括普通型、带侧光板型、开放型。

2. 焊接面罩分类

焊接面罩分类，包括手持式、头戴式、安全帽与面罩连接式、头盔式。

3. 焊接眼护具材料

焊接眼护具的各部分材料必须满足下列条件：

（1）应具有一定的强度、弹性和刚性。

（2）不能用有害于皮肤或易燃的材料制作。

（3）眼罩头带使用的材料应质地柔软、经久耐用。

（4）焊接面罩材料。必须使用耐高低温、耐腐蚀、耐潮湿、阻燃，并具有一定强度和不透光的非导电材料制作。

（5）焊接眼面护具结构。

① 焊接眼护具结构

a. 表面光滑，无毛刺，无锐角或可能引起眼面部不适应感的其他缺陷；

b. 可调部件应灵活可靠，结构零件应易于更换；

c. 应具有良好的透气性。

② 焊接面罩结构

a. 铆钉及其他部件要牢固，没有松动现象，金属部件不能与面部接触；

b. 掀起部件必须灵活可靠。

## 五、 眼部防护用具的选择、 使用和维护

使用者在选择眼面部防护用品时，应注意选择符合国家相关管理规定、标志齐全、经检验合格的眼面部防护用品，应检查其近期检验报告，并且要根据不同的防护目的选择不同的品种。

1. 选型正确

根据不同的使用目的，正确选择眼睛防护用具。

2. 产品合格，质量过硬

各类眼睛防护用具都有其各自的性能要求，要按照相关的标准对相关的性能参数进行抽样验证，确保质量过硬。

3. 经常进行检查维护，确保灵敏好用

应经常检查眼睛防护用具的零部件是否灵活、可靠，镜片是否完好。如果镜片严重磨损、视物不清、表面出现裂纹等任何影响防护质量的问题时，应及时检查或更换。

4. 精心保管，科学存放

对眼睛防护用具，应精心保管，科学存放，避免受到不应有的损坏。应保持防护眼镜的清洁卫生，禁止与酸、碱及其他有害物接触，避免受压、受热、受潮及阳光照射，以免影响其防护性能。

## 第三节　呼吸器官防护装备

### 一、呼吸器官防护器具分类

1. 按防护原理分类

主要分为过滤式和隔绝式两大类。

(1) 过滤式呼吸器

过滤式呼吸器是依据过滤吸收的原理，利用过滤材料过滤去除空气中的有毒、有害物质，将受污染空气转变为清洁空气供人员呼吸的一类呼吸防护用品。如防尘口罩、防毒口罩和过滤式放毒面具。

(2) 隔绝式呼吸器

隔绝式呼吸器是依据隔绝的原理，使人员呼吸器官、眼睛和面部与外界受污染空气隔绝，依靠自身携带的气源或靠导气管引入受污染环境以外的洁净空气为气源供气，保障人员正常呼吸和呼吸防护用品，也称为隔绝式防毒面具、生氧式防毒面具、长管呼吸器及潜水面具等。

(3) 过滤式和隔绝式呼吸器的选择使用

过滤式呼吸防护用品的使用要受环境的限制，当环境中存在着过滤材料不能滤除的有害物质，或氧气含量低于 18%，或有毒有害物质浓度较高(>1%)时均不能使用，这种环境下应使用隔绝式呼吸防护用品。

2. 按供气原理和供气方式分类

主要分为自吸式、自给式和动力送风式三类。

(1) 自吸式呼吸器

自吸式呼吸器是指靠佩戴者自主呼吸克服部件阻力的呼吸防护用品，如普通的防尘口罩、防毒口罩和过滤式防毒面具。其特点是结构简单、质量轻、不需要动力消耗：缺点是由于吸气时防护用品与呼吸器管之间空间形成负压，气密和安全性相对较差。

(2) 自给式呼吸器

自给式呼吸器是指以压缩气体钢瓶为气源供气，使人的呼吸器官、眼睛和面部完全与外界受污染空气隔离，依靠面具本身提供的氧气(空气)来满足人的呼吸需要的一类防护面具，主要由面罩、供气系统和背具构成。面罩的结构和性能与过滤式防护面具面罩基本相同。呼吸器按供气系统的供气原理可分为储气式、储氧式和生氧式三种。

自给式呼吸器主要用于有害物质浓度较高(体积浓度≥1%时)，有害物质种类不明，环境空气中氧气浓度小于 16%，以及空气中含有大量一氧化碳等状况，过滤式防毒面具无法发挥作用的场合。自给式呼吸器的优点是不论毒剂的种类、状态和浓度大小，均能有效地予以防护。自给式呼吸器的缺点是质量重、体积大、结构复杂、价格昂贵，使用、维护、保管要求高。

(3) 动力送风式呼吸器

动力送风式呼吸器是指依靠动力克服部件阻力、提供气源，保障人员正常呼吸防护用品，如军用过滤送风面具、送风式长管呼吸器等。其特点是以动力克吸器阻力，人员在使用中的体力负荷小，适合作业强度较大、环境气压较低(如高原)及情况危急、人员心理紧张等环境和场合使用。

3. 按防护部位及气源与呼吸器官的连接方式分类

主要分为口罩式、口具式、面具式三类。

(1) 口罩式呼吸防护用品

口罩式呼吸防护用品主要是指通过保护呼吸器官口、鼻来避免有毒、有害物质吸入对人体造成伤害的呼吸防护用品，包括平面式、半立体式和立体式多种，如普通医用口罩、防尘口罩、防毒口罩。

(2) 面具式呼吸防护用品

面具式呼吸防护用品在保护呼吸器官的同时，也保护眼睛和面部，如各种过滤式和隔绝式防毒面具。

(3) 口具式呼吸防护用品

口具式呼吸防护用品通常也称口部呼吸器，与前两者不同之处在于，佩戴这类呼吸防护用品时，鼻子要用鼻夹夹住，必须用口呼吸，外界受污染空气经过滤后直接进入口部。其特点是结构简单、体积小、质量轻、佩戴气密性好，但使用时无法发声、通话。可用于矿山自救、紧急逃生等情况和场合。

4. 按人员吸气环境分类

可分为正压式和负压式两类。

(1) 正压式呼吸器

正压式呼吸器是指使用时呼吸循环过程中面罩内压力均大于环境压力的呼吸防护用品。

(2) 负压式呼吸器

负压式呼吸器是指使用时呼吸循环过程中，面罩内压力在呼吸气阶段均小于环境压力的呼吸防护用品。

隔绝式和动力送风式呼吸防护用品多采用钢瓶或专用供气系统供气，一般为正压式；过滤式呼吸防护用品多靠自主呼吸，一般为负压式。

正压式呼吸防护用品可避免外界受污染或缺氧空气的漏入，防护安全性更高，当外界环境危险程度较高时，一般应优先选用。

5. 按气源携带方式分类

按气源携带方式，可分为携气式和长管式两大类。

(1) 携气式呼吸器

携气式呼吸器，使用者随身携带气源(如储气钢瓶、生氧装置)，机动性较强，但身体负荷较大。

(2) 长管式呼吸器

长管式呼吸器，以移动供气系统为气源，通过长导气管输送气体供人员呼吸，不需自身携带气源，使用中身体负荷小，但机动性受到一定程度的限制。

6. 按呼出气体是否排放到外界分类

按呼出气体是否排放到外界，可分为闭路式和开路式两类。

(1) 闭路式呼吸器

闭路式呼吸器，使用者呼出的气体不直接排放到外界，而是经净化和补养后供循环呼吸，安全性更高，但结构复杂。

(2) 开路式呼吸器

开路式呼吸器，使用者呼出的气体直接排放到外界，结构较前者简单，但安全性及防护时间常会受到一定影响。

7. 按用途分类

呼吸防护用品按用途可分为防尘、防毒和供气式三类。

## 二、 面罩结构与分类

1. 面罩的结构

面罩是防毒面具的重要组成部分，是使人员面部与外界染毒空气隔离的部件。面罩一般由罩体、阻水罩(导流罩)、眼窗、通话器、呼(吸)气活门及头带组成，有的还根据需要设置有视力矫正镜片。

2. 面罩的分类

面罩根据固定系统的不同，可分为头盔式、头带式和网罩式三种；根据眼窗的数量和大小，可分为双目式、单目式和全脸式三种。

头盔式面罩的主体与头顶部分连在一起，具有佩戴方便、稳定性和气密性好等特点，但缺点是对头面部的压痛较大，影响听力，且对人员面型的尺寸变异范围适应性差，满足全体人员面型所需要的面罩规格较多。

头带式面罩是用头带或头罩将面罩固定在人员的面部，优点是对人员头型和尺寸的适应性强，面罩规格少，不影响听力，缺点是佩戴相对较复杂，增加了对密合框的压力。

网罩式则综合了上述两种固定系统的优点。

3. 防护原理

面罩的防护效果取决于面罩各个接口的气密性，如眼窗、通话器、过滤罐等部位接口的气密性，即平常所说的面罩装配气密性。另外，面罩密合框与人员头面部的密合部位也是一个接口，这是面罩的最大接口，其气密性问题是面罩在使用时最重要的问题。

在面罩罩体的内侧周边有密合框，它是面罩与佩戴者面部贴合的部分或部件，由橡胶材料制成。在双目式和单目式面罩结构中，密合框与罩体主体是一个整体部件；在全脸式面罩结构中，密合框是一个独立的部件。密合框的功能是将面罩内部空间与外部空间隔绝，防止有毒、有害气体漏入面罩内部空间，保障防毒面具的呼吸系统正常工作，确保防毒面具的防护性能。密合框根据结构可分为单片型密合框、反折边型密合框(又称T形密合框)、双反折边型密合框(又称双T形密合框)、气垫管型密合框、海绵塑料垫密合框、波纹状密合框等六种。设计合理、性能优良的密合框能适应人头面型的变化，使绝大多数人佩戴面具后既达到气密的要求，又满足长期佩戴舒适性的要求。

4. 佩戴方法

佩戴防毒面具时，使用者首先要根据自己的头型大小选择合适的面具。将中、上头带调整到适当位置，并松开下头带，用两手分别抓住面罩两侧，屏住呼吸，闭上双眼，将面罩下巴部位罩住下巴，双手同时向后上方用力撑开头带，由下而上戴上面罩，并拉紧头带，使面罩与脸部确实贴合，然后深呼一口气，睁开眼睛。

检查面罩佩戴气密性的方法是：用双手掌心堵住呼吸阀体进出气口，然后，猛吸一口气，如果面罩紧贴面部，无漏气即可，否则应查找原因，调整佩戴位置直至气密。

佩戴时应注意不要让头带和头发压在面罩密合框内，也不能让面罩的头带爪弯向面罩内。另外，使用者在佩戴面具之前应当将自己的胡须剃刮干净。

5. 滤毒罐的防毒原理

滤毒罐内的装填物是由吸附剂层和过滤层两部分构成。其中，吸附剂层是过滤有毒蒸气的，过滤层是过滤有害气溶胶的。滤毒罐根据装填方式的不同，分为轴流式(层装式)和径流式(套装式)两种。轴流式滤毒罐内的吸附剂层是以床层方式装填的，截面不变，气体沿滤毒罐轴向流动。径流式滤毒罐内的吸附剂层是套装的，截面是变化的，气体沿滤毒罐直径方向流动。

## 三、 滤毒罐分类与选择

1. 滤毒罐分类

根据滤毒罐与面罩的连接方式不同，滤毒罐可分为直接式和导气管式两类。直接式滤毒罐直接与面罩相连，一般放置在面罩的嘴部正下方或左颊处，也有一些滤毒罐放置在面罩的右颊处，以便于左撇子佩戴者使用。还有一些面具左右颊均设有滤毒罐接口，可根据使用者的需要将滤毒罐放置在任意一处，未利用的接口可安装 1 副通话器；也可在左右两侧均装上滤毒罐而形成双罐型面具。直接式滤毒罐一般为轴流式结构。导气管式滤毒罐通过一波纹状橡胶导气管与面罩相连，一般为径流式结构，其体积、重量比轴流式的大，防毒性能也较轴流式有所增强。

对蒸气状毒剂的吸着和对有害气溶胶的过滤是两种不同的过

程，只有在进一步弄清防毒原理的基础上，才能正确理解滤毒罐的防毒性能，正确运用防护面具。

2. 吸附剂层防毒原理

有毒蒸气是工业毒物的基本状态之一，主要通过呼吸器官、眼睛和皮肤伤害人员。不论何种工业毒物，也不论采用何种使用方法，有毒蒸气总是存在的。因此，对于有毒蒸气的防护是基本的，防毒面具都必须有吸着有毒蒸气用的吸附剂层。

防毒面具的吸附剂层，采用的是载有催化剂或化学吸着剂的活性炭。这种活性炭通常称为浸渍活性炭或浸渍炭，或称为防毒炭或催化炭。

活性炭是浸渍炭的基础，浸渍炭的防毒性能在很大程度上取决于活性炭的性能与质量。在活性炭的过渡孔和大孔表面上，载有铜、银、铬或钼、锌等金属氧化物，这就是浸渍活性炭。这些金属氧化物的加入数量，对防毒性能影响较大。除添加这些金属氧化物外，为进一步提高防毒性能和稳定性，有的浸渍炭上还加有少量的碱(氢氧化钠)、氮苯、葡萄糖、三乙二胺之类的化学药剂。

浸渍活性炭通过如下三种作用来达到防毒目的。

(1) 物理吸附作用

所谓吸附，是指流体分子在固体表面增稠或凝聚的现象。物理吸附是由吸附质与吸附剂分子间的力相互吸引发生的，被吸附分子保持着原来的化学性质，吸附热较低，无选择性，吸附和脱附速度较快，例如，活性炭对沙林、芥子气、氯等毒剂蒸气就是物理吸附作用。

(2) 化学吸附作用

化学吸附是由吸附质与吸附剂分子之间以类似化学链的力相吸发生的，吸附质与吸附剂形成表面化合物，吸附热较高，有选择性，通常不可逆。浸渍炭借助于添加金属氧化物来提高对难吸附毒剂的防毒能力。

在浸渍炭吸附光气时，炭上的水分能与之发生水解反应。所以，当滤毒罐受潮后，对光气的防护能力会有所提高。由于化学吸着作用是在炭上发生化学变化，所以过滤罐吸收氰化氢之类的毒剂失效以后，是不能用普通办法使之再生的。而借助物理吸附作用进行防护时，过滤罐失效以后还可以再生。

(3) 催化作用

催化作用是指某些难被物理吸附和化学吸附的有毒蒸气，采用催化剂使之发生催化反应，可以显著提高化学反应速度，例如铜和铬的氧化物与难以吸附的氯化氰、砷化氢等起水解反应。浸渍炭上发生的催化反应，主要是空气中的氧和水，在催化剂的作用下，与毒剂发生反应。

应当注意，催化剂在反应中只是提高了化学反应的速度，本身并未发生化学变化，且会逐渐被反应生成物所覆盖，而失去催化作用。所以，利用催化作用进行防毒，其防毒能力是有限的。同时，某种催化剂只能对一两种毒剂起催化作用，某一种化学吸附剂也只限于吸附某一类毒剂，而物理吸附则具有广谱性(可在不同程度上吸附所有的毒剂)。浸渍活性炭就是依靠物理吸附、化学吸附和催化这三种作用，对毒剂进行可靠的防护。

3. 过滤层的防毒原理

过滤层是专门用来过滤有害气溶胶的。生产过程中产生的毒烟(固体微粒)、毒雾(液体微粒)、放射性灰尘和含细菌、病毒的微粒等，称为有害气溶胶。过滤层对有害气溶胶的过滤过程与气溶胶微粒的化学性质关系不大，主要与其物理性质、运动特性有关。

过滤层过滤气溶胶的过程。目前常用的玻璃纤维过滤层是由许多层纵横交错的纤维网格组成，气溶胶微粒通过时，总有机会接触到纤维而被阻留。发生这种接触的诸多效应中，主要是截留效应、惯性效应、扩散效应和静电效应等四种，其中起主要作用的又是前三种效应。

滤烟层有两种：完全的与非完全的。完全的滤烟层采用过滤材料除去空气中的粒子，也就是说，过滤材料将大于孔隙的粒子挡在外面。然而，大部分面具的滤烟层是非完全滤烟层，这意味着它们含有比要除去的粒子直径大的孔隙，利用截留、沉降、惯性、扩散和静电效应的组合来去除粒子。真正发挥作用的组合过滤机理取决于粒子通过滤烟层的速率和粒子的尺寸，起主要作用的又是截留效应、惯性效应和扩散效应。

过滤层的防毒性能。气溶胶和蒸气是两种不同的物态，其物理和运动特性也不尽相同，所以，过滤层过滤气溶胶和吸附剂层吸着毒剂蒸气，具有完全不同的特点。吸附剂层吸着毒剂时，一开始在吸附剂层的尾气流中没有毒剂分子透过，一段时间以后，尾气中开始有毒剂分子出现，毒剂浓度由小变大，逐渐增加，最终达到防护的阈值而穿透面具过滤罐。而气溶胶通过过滤层时，一开始就有烟雾透过，发生瞬时穿透，并且在通常情况下穿透浓度基本不变，不随时间的延长而增大。

4. 滤毒罐的选择

在使用防毒面具时，应根据生产环境中不同种类和性质的有毒蒸气、气体、有害气溶胶选择合适的滤毒罐。

## 四、 长管呼吸器

长管呼吸器，即长管面具，又称供气式呼吸器，是一种使佩戴者呼吸器官与周围染毒环境隔离，依靠佩戴者的呼吸力或借助机械力，通过吸气软管引入清洁空气的呼吸防护装备，适用于长时间在缺氧，充满有毒有害气体、蒸气、有害气溶胶环境中进行的定岗作业或流动范围小的作业。它的突出特点是可以长时间甚至无限长时间地进行供气。

1. 长管呼吸器种类

长管呼吸器一般由面罩、固定带和供气系统组成。根据工作原理，长管呼吸器分为洁净空气输入式和压气式两种。洁净空气输入式又分为自吸式和送风式两种；压气式分为恒流供气式、按需供气式和复合供气式三种。另外，根据供气设备的不同，又可为分为移动(推车)式、固定(泵、压缩机)式。

2. 长管呼吸器使用基本要领

(1) 导气管的连接与使用

使用长管呼吸器时，一是应注意空气的质量和导气软管的放置，防止导气管出现弯折，甚至打死节现象，以避免供气不畅，甚至中断，使佩戴者窒息，造成人员伤亡，采用波形导气管可以有效预防此种意外的发生；二是应注意检查吸气软管接头的连接牢固性，防止在使用时接头处因拖拽而脱落，导致人员中毒伤亡；三是应注意检查长管是否有破裂。

(2) 面罩

长管呼吸器使用的面罩包括密合型、非密合型面罩和送风头罩。

密合型面罩应与人体的面部或头部密合良好，无明显压痛感。

开放型面罩应能遮盖住眼、鼻和口，不影响头部、身体运动，气流入口处设分流装置，无呼气阀。面罩的眼窗应使用无色透明材料制作，透光率不小于85%，视物清晰无畸变，应配有保明措施，固定系统应有足够弹性和强度，零部件易互换。

送风头罩应能遮盖头、眼、鼻、口至颈部(可与防护服连用)，不影响头部、身体运动，气流入口处设有分流装置；设置呼气阀，为密合型。

(3) 选择

在选择长管呼吸器时，应综合考虑有害化学品的性质、作业场所污染物可能达到的最高浓度、作业场所的氧含量、使用者的面型和环境条件等因素。在选用结构较为复杂的长管呼吸器时，为保证安全使用，佩戴前需要进行一定的专业训练。

3. 自吸式长管呼吸器

自吸式长管呼吸器由全面罩、固定带、吸气软管、空气入口(或过滤器)和支架(或警示板)等组成。这种呼吸器是将导气管的进气口端远离有毒有害气体污染的环境，固定于新鲜无污染的场所，另一端则与全面罩相连，依靠佩戴者自身的呼吸力为动力，将洁净的空气通过呼吸软管吸入面罩呼吸区内供人员呼吸，人员呼出的气体通过排气阀排入环境大气中。在空气的入口处应设置可防止有害物质进入的低阻力过滤器。这是一种负压式呼吸器，要求面罩和连接系统有良好的气密性，同时吸气软管的长度不宜超过10m，适用于毒物危害不太大的场所。

自吸式呼吸器的缺点之一是吸气阻力大，其吸气阻力随着吸气软管长度的增加而增大；二是眼窗镜片极易被呼出的水汽模糊，造成视线不清，影响操作。

4. 送风式呼吸器

送风式呼吸器由面罩、固定带、流量调节器、吸气软管、过滤器和送风机等组成，根据动力的来源可分为电动送风式和手动送风式两种。这种呼吸器送风量可根据使用者的要求调节，呼吸阻力很小，可在面罩内形成微正压，防止有害气体漏入面罩内，佩戴舒适安全。紧急情况时，无论送风机是否工作，应能保证佩戴者呼吸。电动送风式呼吸器的特点是使用时间不受限制，供气量较大，可以同时供1~5人使用，送风量依人数和吸气软管的长度而定。电动送风机分防爆型和非防爆型两种，非防爆型电动送风机不能用于有甲烷气体、液化石油气及其他可燃气体浓度接近或超过爆炸极限的场所。手动送风式呼吸器不需外接电源，其送风量与送风机的转数相关。

5. 压气式呼吸器

压气式呼吸器是由空气压缩机或高压空气瓶经压力调节装置，将高压降为中压后，再把气体通过吸气软管送到面罩内供佩戴者呼吸，富余气体和人员呼出的气体通过排气阀排入环境大气中。

6. 恒流供气式呼吸器

恒流供气式呼吸器由面罩、吸气软管、流量调节装置、腰带、过滤器、油水分离器和压缩气源等组成，是以压缩空气为气源，经过呼吸软管和流量调节装置连续不断地向佩戴者提供可呼吸空气，适用于缺氧和不立即危害人体生命安全和健康的环境。使用这种呼吸器时，应对压缩空气进行净化处理，除去其中的油分和水分，保证气源清洁，不缺氧。

7. 按需供气式呼吸器

按需供气式呼吸器由面罩、供气阀、连接接头、固定带、吸气软管和压缩气源等组成。这种呼吸器的特点是采用供气阀，根据佩戴者的需要来调节供气量。根据供气阀的类型，可分为正压式和负压式两种；根据气源类型，又可分为移动式和固定式两种。

8. 移动式长管呼吸器

移动式长管呼吸器由数个高压气瓶并成一组使用，安装在可移动的推车上，通过较长的吸气软管供佩戴者使用。这种呼吸器适合在大范围的化学、生物污染环境中完成长时间、大工作量的复杂工作。其供气源一般由 2~6 个容积为 6~12L，额定工作压力为 30MPa 的复合气瓶、报警器、输气软管、压力表和手推车等组成，可供 1 人或多人使用。2 人以上使用时，应等全部佩戴好呼吸器后一同进入，并注意保持距离和方向，防止发生相互牵拉供气管而出现意外。

9. 复合供气式呼吸器

复合供气式呼吸器有两路供气气源，一路通过吸气长管供气，另一路为使用者可随身携带的小型高压气瓶。这种呼吸器具有比较高的使用可靠性，当长管气路由于某种原因发生供气故障时，可立即改由小型气瓶供气，确保使用者的生命安全。

## 五、 过滤式呼吸防护器

### 1. 防尘口罩

防尘口罩主要是以纱布、无防布、超细纤维材料等为核心过滤材料的过滤式呼吸防护器，用于滤除空气中的颗粒状有毒、有害物质，但对于有毒、有害气体和蒸气无防护作用。

其中，不含超细纤维材料的普通防尘口罩只有防护较大颗粒灰尘的作用，一般经清洗、消毒后可重复使用；含超细纤维材料的防尘口罩除可以防护较大颗粒灰尘外，还可以防护粒径更细微的各种有毒、有害气溶胶，防护能力和防护效果均优于普通防尘口罩，基于超细纤维材料本身的性质，该类口罩一般不可重复使用，多为一次性产品，或需定期更换滤棉。

防尘口罩的形式很多，包括平面式（如普通纱布口罩）、半立体式（如鸭嘴形折叠式）、立体式（如模压式、半面罩式）。无论哪种形式，其保护部位均为口罩。从气密效果和安全性考虑，立体式、半立体式气密效果更好，安全性更高，平面式稍次之。

防尘口罩适用领域和场合主要包括：医疗卫生、电子工业、食品工业、美容护理、清洁打理等。其适用的环境特点是，污染物仅为非挥发性的颗粒状物质，不含有毒、有害气体。

### 2. 防毒口罩

它是以超细纤维材料和活性纤维等吸附材料为核心过滤材料的过滤式呼吸防护用品。其中超细纤维材料用于滤除空气中的颗粒状况物质，包括有毒有害溶胶、活性炭、活性纤维等。与防尘口罩相比，防毒口罩既和气中的大颗粒灰尘、气溶胶，同时对有害气体也具有一定的过滤作用。

防尘口罩的形式主要为半面式，此外也有口罩式。

防尘口罩的使用领域和场合主要包括：化工生产石油加工、橡胶、制革、冶金、焊接切割、卫生消防、实验研究等。其适用的环境特点是：工作或作业场所含有较低浓度的有害气体，同时可能含有有害物质的颗粒(气溶胶)。

3. 过滤式防毒面具

它也是以超细纤维材料和活性炭、活性炭纤维等吸附材料为核心过滤材料的过滤式呼吸防护用品。(包括滤毒罐、滤毒盒、过滤元件)两部分，面具与过滤部件有的直接相连，有的通过导气管连接，分别称为直接式防毒口罩和间接式防毒口罩。

从防护对象考虑，过滤式防毒面具与防毒口罩具有相近的防护功能，既能防护大颗粒灰尘、气溶胶，又能防护毒害气体。它们的差别在于过滤式防毒面具滤除有害气体、蒸气浓度范围更宽，防护时间更长，所以更安全可靠。另外，从保护部位考虑，过滤式防毒面具除可以保护部位吸器官(口、鼻)外，同时还可以保护眼睛及面部皮肤避免有毒有害物质的直接伤害，且通常密合效果更好，具有更高和更安全的防护效能。

过滤式防毒面具适用的主要领域和场合有：化学工业、石油工业、军事、矿山、仓库、海港、科学研究机构等。

## 六、 隔绝式呼吸防护器

1. 空气呼吸器

又称储气式防毒面具，有时也称为消防面具。它以压缩气体钢瓶为气源，但钢瓶中盛装气体为压缩空气。根据呼吸过程中面罩内的压力与外界环境压力间的高低，可分为正压式和外压式两种。正压式在使用过程中面罩内始终保持正压，更安全，目前已基本取代了后者，应用广泛。

(1) 空气呼吸器分类

空气呼吸器根据供气方式的不同分为动力式和定量式。动力式是根据人员的呼吸需要供给所需的空气，定量式是在使用过程中按一定的供气速率向佩戴者供给所需的空气。

(2) 空气呼吸器工作原理

压缩空气由高压气瓶经高压快速接头进入减压器，减压器将输入压力转为中压后经中压快速接头输入供气阀。当人员佩戴面罩后，吸气时在负压作用下供气阀将洁净空气以一定的流量进入人员肺部；当呼气时，供气阀停止供气，呼出气体经面罩上的呼气活门排出。这样形成了一个完整的呼吸过程。

对于常见的正压式空气呼吸器，使用时，打开气瓶阀门，空气经减压器、供气阀、导气管进入面罩供人员呼吸；呼出的废气直接经呼气活门排出。由于其不需要对呼出废气进行处理和循环使用，所以结构相对氧气呼吸器简单。

随着技术的进步，先进的空气呼吸器增加了许多安全功能。如，如果使用者在戴上呼吸器后忘记打开气瓶阀，会自动地以低压报警通知使用者。在使用的末期，气压达到低限压力时，则进行报警，以警告使用者预期的使用时间快要结束了。

空气呼吸器的工作时间一般为30~360min，根据呼吸器型号的不同，防护时间的最高限值有所不同。总的来说空气呼吸器的防护时间比氧气呼吸器稍短。

空气呼吸器主要用于消防指战员以及相关人员在处理火灾、有害物质泄漏、烟雾、缺氧等恶劣作业现场进行火源侦察、灭火、救灾、抢险和支援。另外，也可用于重工业、海运、民航、自来水厂和污水处理站、油气勘探与开发、石化工业、石油精炼、化学制品、环境保护、军事等领域及场合。

2. 生氧呼吸器

生氧呼吸器又称生氧式防毒面具，是利用人员呼出气中的二氧化碳和水蒸气与含有大量氧的生氧药剂反应生成氧气，使呼出气体经补氧和净化后，供人员使用的一种闭路循环式呼吸器。

生氧呼吸器的组织成包括生氧系统(含生氧罐、启动装置和应急装置)、降温系统(含冷却管、降温增湿器)储气装置(含储气囊及排气阀)、保护外壳及背具等。其中，生氧系统中的生氧罐是面具的重要部件，内装超氧化钾、超氧化钠、过氧化钾或过氧化钠等生氧剂，这类碱性氧化物能够与二氧化碳和生氧的作用。由于生氧和脱除二氧化碳的化学反应，会导致通过气流温度过高，因此需要有降温装置对气流进行降温以供人员呼吸。

使用时，呼出气体经呼吸活门、导气管进入生氧罐废气中的二氧化碳和水蒸气与生氧药剂反应生成氧气，经净化和补充氧的气流进入气囊供人员呼吸。

生氧呼吸器的工作时间一般为 30～60min，比氧气呼吸器和空气呼吸器都短。

生氧呼吸器的适用场合主要包括：消防、矿山救护、气体泄漏事故处理等。

## 七、 紧急逃生呼吸器

该类呼吸防护用品是专门为紧急情况下逃生设计的，包括专门的火灾逃生面具及可用于多种危急情况的隔绝式逃生呼吸器等。

火灾逃生面具属于过滤式呼吸防护用品，它除可过滤粉尘、气溶胶和一般有害气体蒸气外，还具有滤除一氧化碳的功能。

隔绝式逃生呼吸器相似，仅设计形式及防护时间存在一定差异。根据该类呼吸器的使用目的，为减少器材的质量，减少逃生人员在逃生过程中的体力消耗，方便携带、穿戴，增大其获救机会和可能，这类呼吸器主要有以下几个特点；轻便，便于穿戴；有效使用时间一般为 10～15min，可确保提供足够的逃生时间，同时器材质量较轻；视觉效果明显，颜色鲜艳或带有可发光的荧光物质，便于被发现。

## 八、 呼吸防护器的选用原则和注意事项

(1) 根据有害环境的性质和危害程度，如是否缺氧、毒物存在形式(如蒸气、气体和溶胶)等，判定是否需要使用呼吸防护

用品和应用选型。

（2）当缺氧（氧含量<18%）、毒物种类未知、毒物浓度未知或过高（含量>1%）或毒物不能为过滤式呼吸防护用品，只能考虑使用隔绝式呼吸防护用品。

（3）在可以使用过滤式呼吸防护用品的情况下，当有害环境中污染物仅为非挥发性颗粒物质，且对眼睛、皮肤无刺激时，可考虑使用防尘口罩；如果颗粒物质为油性颗粒物质，则有害环境中污染物为蒸气和气体，同时含有颗粒物质（包括气溶胶）时，可选择防毒口罩或过滤式防毒面具；如果污染物浓度较高，则应选择过滤式防毒面具。

（4）选配呼吸防护用品时大小要合适，使用中佩戴要正确，以使其与使用这脸形相匹配和贴合，确保气密，保障防护的安全性，达到理想的防护效果。

（5）佩戴口罩时，口罩要罩住鼻子、口和下巴，并注意将鼻梁上的鼻子（金属条）固定好，以防止空气未经过滤而直接从鼻梁两侧漏入口罩内。另外一次性口罩一般仅可以连续使用几个小时到一天，当口罩潮湿、损坏或沾染上污物时需要及时更换。

（6）选用过滤式防毒面具和防毒口罩时要特别注意，配备某种滤盒的防毒面具口罩通常只对某种或某类蒸气或气体滤盒、防汞蒸气滤盒及防氨气滤盒等，分别用不同的颜色进行标实，要根据工作或作业环境中有害蒸气或气体的种类进行选配。

（7）佩戴呼吸防护用品后应用进行相应的气密检查，确定气密良好后再进入含有毒害物质的工作、作业场所，以确保安全。

（8）在选用动力送风面具、氧气呼吸器、空气呼吸器、生氧呼吸器等结构较为复杂的面具时，为保证安全使用，佩戴前需要进行一定的专业训练。

（9）选择和使用呼吸防护用品时，一定要认真阅读相应的产品说明书，并对照熟悉，最后做到熟练运用。

## 九、防尘口罩

防尘口罩的主要防阻对象是颗粒物，包括粉尘(机械破碎产生)、雾(液态的)、烟(燃烧等产生)和微生物，也称气溶胶。

能够进入人体肺脏深部的颗粒非常微小，粒径通常在7μm以下，称作呼吸性粉尘，对健康危害大，这些粉尘进入呼吸系统，能逃避人体自身的呼吸防御(例如，咳嗽、鼻毛、黏液等)，而直接进入肺泡并且积聚于肺泡内，日久便破坏换气功能，是导致各类尘肺病的元凶。所以，防尘口罩通过覆盖人的口、鼻及下巴部分，形成一个和脸密封的空间，靠人吸气迫使污染空气经过过滤。粉尘颗粒越小，它在空气中停留的时间就越长，被你吸入的可能性就越大。

防尘口罩的种类很多，按其结构与工作原理，分为两大类：空气过滤式口罩与供气式口罩。空气过滤式口罩，或简称过滤式口罩的，工作原理是使含有害物的空气通过口罩的滤料过滤净化后再被人吸入；供气式口罩是指将与有害物隔离的干净气源，通过动力作用如空压机、压缩气瓶装置等，经管及面罩送到人的面部供人呼吸。

一个过滤式口罩的结构应分为两大部分，一个是面罩的主体，它是一个口罩的架子；另一个是滤材部分，包括用于防尘的过滤棉以及防毒用的化学过滤盒等。

空气过滤式口罩又包括多种类型，如半面型，即只把呼吸器官(口和鼻)盖住的口罩；全面型，即口罩可把整个面部包括眼睛都盖住的；电动送风型，即通过电池和马达驱动，将含有有害物质的空气抽入滤材过滤后供人呼吸。在半面型口罩中又分为：免保养型、低保养型和一般保养型。免保养型，这种口罩多以防尘为主，其主体与滤材是合二为一的，不可更换滤材；低保养型，这种口罩的主体没有可更换的部件，如损坏时要更换整个面具，这样可节省人力与保养费用；一般保养型，即面具的各部件有损坏时可逐一更换，平时也要注意保养。根据过滤材料不同，有硅胶口罩、橡胶口罩等。

1. 口罩结构

口罩本体通常用防颗粒物的过滤材料制成，靠头带或耳带固定，人脸鼻处的密封通常借助金属鼻夹帮助塑造，但也有依靠其他方法实现的，有些还在口罩内鼻夹部位增加密封垫。由于口罩没有可以更换的部件，所以失效后需要整体废弃，也称随弃式面罩或免保养口罩。

由于是密合的结构，防尘口罩通常有两种式样，即杯罩式和折叠式，杯罩式依靠一个预先模压成型的结构支撑过滤材料，优点是不容易塌陷，易保持形状；而折叠式利于单个包装，不用时便于携带。

2. 过滤材料

不同的防尘口罩使用的过滤材料不同。过滤效果一方面和颗粒物粒径有关，还受颗粒物是否含油的影响。防尘口罩通常要按照过滤效率分级，并按是否适合过滤油性颗粒物分类。不含油的颗粒物，如粉尘、水基雾、漆雾、不含油的烟(焊接烟)、微生物等。“非油性颗粒物”的过滤材料虽比较常见，但它们不适合油性颗粒物，如油雾、油烟、沥青烟、焦炉烟等。而适合油性颗粒物的过滤材料也可用于非油性颗粒物。

常用过滤材料有硅胶、聚丙烯纤维、聚酯纤维等。

3. 附加功能

除了防阻颗粒物，有些防尘口罩还有附加功能，满足不同的使用条件或需求。使用中由于不断有粉尘等颗粒物沉积在口罩表面，使用一段时间后呼吸阻力会自然增加，使用者会感觉越来越不舒适，因此，有在口罩表面增加一个单向开启的呼气阀，降低呼气阻力，并帮助排出湿热空气，所以更适合温度较高的环境。

像焊接这种典型的含尘作业，除了高温，作业中还存在大量电焊火花，应该选择具有阻燃性的口罩以避免口罩被烧穿。焊接作业现场还会产生一些有害气体，最常见的是臭氧，另外有些作业环境只单独存在一些气体异味，浓度虽没有达到有害健康的水平(没有超标)，但使人感觉不舒适，一种带活性炭层的防尘口罩就很适用，不仅适合焊接产生焊烟和臭氧，也很轻便和能有效排除异味。

防尘口罩除工业用外，也有医用，主要用于呼吸道传染病的预防，如SARS、结核杆菌、炭疽和流感等。虽然微生物属于非油性的颗粒物，但在医院使用有其特殊要求。首先不允许有呼气阀设计，防止手术时医生呼气所带细菌污染手术创面；另外，外层材料必须具有抗一定压力液体的穿透，防止传染性液体对医护人员的危害。

4. 选择方法

防尘口罩有各种各样，必须针对不同的作业需求和工作条件进行选择。口罩的选择有三个原则。

(1) 口罩的阻尘效率

一个口罩的阻尘效率的高低是以其对微细粉尘，尤其是对5μm以下的呼吸性粉尘的阻隔效率为标准。

应根据粉尘的浓度和毒性选择。根据GB/T 18664—2002《呼吸防护用品的选择、使用与维护》，作为半面罩，所有防尘口罩都适合有害物浓度不超过10倍的职业接触限值的环境，否则就应使用全面罩或防护等级更高的呼吸器。如果颗粒物属于高毒物质、致癌物和有放射性，应选择过滤效率最高等级的过滤材料。如果颗粒物具有油性，务必选择适用的过滤材料。如果颗粒物为针状纤维，如矿渣棉、石棉、玻璃纤维等，由于防尘口罩不能水洗，粘上微小纤维的口罩在面部密封部位易造成脸部刺激，也不适合使用。

对高温、高湿环境，选择带呼气阀的口罩会更舒适，选择可除臭氧的口罩用于焊接可提供附加防护，但若臭氧浓度高于10倍职业卫生标准可更换面罩，配尘、毒组合过滤元件。对不存在颗粒物，而仅仅存在某些异味的环境，选择带活性炭层的防尘口罩比戴防毒面具要轻便得多，如某些实验室环境，但由于国家标准不对这类口罩进行技术性能规范，选择时最好先试用，判断是否真正能够有效过滤异味。

(2) 口罩与人脸形适合性

适合性，即口罩与人脸形状的密合程度。没有一个万能的设计能适合所有人的脸型。目前，防尘口罩的认证检测并不保证口罩适合每个具体的使用者，如果存在泄漏，空气中的污染物就会从泄漏处进入呼吸区。选择适合的口罩的方法是使用适合性检验，它利用人的味觉，用专用工具发生苦味或甜味的颗粒物，如果戴口罩后仍然能够感觉到味道，说明口罩存在泄漏。工人应定期进行口罩密合性测试，目的是为了保证工人选用合适大小的口罩并按正确步骤佩戴口罩。

(3) 佩戴舒适

其要求包括呼吸阻力要小，质量要轻，佩戴卫生，保养方便。这样工人才会乐意在工作场所坚持佩戴并提高其工作效率。

*5. 佩戴方法*

防尘口罩结构虽然简单，但使用并不简单。选择适用且适合的口罩只是防护的第一步，要想防护真正起到作用，必须正确使用，这不仅包括按照使用说明书佩戴，确保每次佩戴位置正确(不泄漏)，还必须在接尘作业中坚持佩戴，及时发现口罩的失效迹象，及时更换。不同接尘环境粉尘浓度不同，每个人的使用时间不同，各种防尘口罩的容尘量不同，以及使用维护方法的不同，这些都会影响口罩的使用寿命，所以没有办法统一规定具体的更换时间。当防尘口罩的任何部件出现破损、断裂和丢失(如鼻夹、鼻夹垫)，以及明显感觉呼吸阻力增加时，应废弃整个口罩。

无论防毒还是防尘，任何过滤元件都不应水洗，否则会破坏过滤元件。使用中若感觉其他不舒适，如头带过紧、阻力过高等，不允许擅自改变头带长度，或将鼻夹弄松等，应考虑选择更舒适的口罩或其他类型的呼吸器，好的呼吸器不仅适合使用者，更应具有一定的舒适度和耐用性，表现在呼吸阻力增加比较慢（容尘量大）、面罩轻、头带不容易松垮、面罩不易塌、鼻夹或头带固定牢固，选材没有异味和对皮肤没有刺激性等，这通常只有那些长期使用防尘口罩的工人们最有体会和最有发言权。

6. 使用误区

最大的误区：把纱布口罩当防尘口罩使用。纱布口罩在我国职业防护技术落后的年代，确实被普遍用于防尘，但近年来，随着我国在防护标准、检测技术及制造技术上的进步，以及社会防护意识的普遍增强，已经清楚地认识到纱布的低效。2003 年 SARS 期间，由于受错误的导向，医护人员使用纱布口罩防护，导致大量医护人员因防护不当受到传染，代价巨大，教训深刻。现在虽然从标准、法规对纱布口罩有定论，但是长期使用纱布口罩，却培养了诸多错误的防护理念，如更强调便宜、应吸汗、应能水洗和透气等“好处”，却不重视密合性、有效的过滤等应有的防护效果。

另一个常见误区：和橡胶防尘半面罩相比，防尘口罩的防护效果低，密合性差，许多人感觉橡胶的材料更具有弹性，认为这更容易和自己脸密合。其实影响密合效果的不只在于材料的弹性，更在于面罩的设计，面罩头带选材确定的松紧度、易拉伸性，以及面罩质量和头带的匹配等，这些都影响着密合的效果。很多年以前，国外就已经通过大量的现场实验，调查这两类面罩在实际应用中的防护效果，研究证明，防尘口罩具有和橡胶防尘半面罩相同的防护水平，这主要就是指密合性。所以在国外和国内标准中（GB/T 18664—2002），这两类面罩的指定防护因数都是 10，都适用于颗粒物浓度不超过 10 倍职业卫生标准的环境。

## 十、阻尘鼻腔护洁液

阻尘鼻腔护洁液，通过增湿、保湿作用，增加粉尘吸附力，能够阻留粉尘进入深部呼吸道，阻留可吸入性悬浮物颗粒进行入肺部。

# 第四节　听觉器官防护装备

听觉器官防护用品，是指能够防止过量的声能侵入外耳道，使人耳避免噪声的过度刺激，减少听力损失，预防由噪声对人身引起的不良影响的个体防护用品。

工作场所高噪声主要来自机械的转动、振动、气流等，如压缩机房、大型转动设备、高压气体泄漏，在这些高噪声场所，进行应急处理操作，需要佩戴保护人耳，使其避免噪声过度刺激的护耳器，切实避免对听力造成损伤。在过去，人们对此都不太重视，但是，随着社会的进步和人们物质文化生活水平的提高，必须从人性化的角度，最大限度地保护相关人员的听力不受到伤害。

护耳器主要包括耳塞、耳罩和防噪声头盔三大类。

## 一、耳塞

耳塞，是插入外耳道内，或置于外耳道口处的护耳器。

1. 耳塞种类

耳塞的种类，按其声衰减性能分为低、中、高频声均隔耳塞和只隔高频声耳塞两大类。

2. 耳塞的结构

耳塞的结构设计应考虑到在佩戴时容易放进和取出，使用时不容易滑脱失落。

耳塞的造型应考虑到不能插入外耳道太深，与外耳道各壁应轻柔贴合密封。

耳塞的结构要使多数人可以佩戴，携带方便。为防丢失，可以将两只耳塞用一条细绳连接。

3. 耳塞材料

耳塞应选用隔声性能好的材料，在一般使用情况下，不易破损，强度、硬度和弹性适当，容易清洗，消毒。在恶劣环境中使用不易产生永久性变形，老化和破裂。与皮肤接触时必须无刺激性。

对塑料、橡胶及橡塑材料的物理性能按国家标准进行试验，满足标准的规定。

4. 耳塞性能

佩戴耳塞后无明显的痒、胀、疼痛和其他不舒适感，佩戴者能够适应佩戴。

耳塞的声衰减量，塑料和橡塑材料的耐热性、耐寒性、耐油性，橡胶材料的比重、扯断强度和扯断伸长率、硬度、耐热性、耐油性、老化系数等必须按相应的国家标准进行检验满足要求。

耳塞产品必须经国家指定的监督检验部门按本标准进行鉴定，取得许可证后，方可批量生产。

5. 标志

耳塞产品应有下列内容的永久性标志：制造厂名称及商标；产品型号；制造日期；许可证编号。

## 二、 耳罩

1. 耳罩结构

耳罩是由压紧每个耳廓或围住耳廓四周而紧贴在头上遮住耳道的壳体所组成的一种护耳器。耳罩壳体可用专门的头环、颈环或借助于安全帽或其他设备上附着的器件而紧贴在头部。

(1) 头环

头环是用来连接两个耳罩壳体，具备一定夹紧力的佩戴器件。

（2）耳罩壳体

耳罩壳体，是用来压紧每个耳廓或围住耳廓四周而遮住耳道的具有一定强度和声衰减作用的罩壳。

（3）耳垫

耳垫，是覆在耳罩壳体边缘上和人头接触的环状软垫。

耳罩的头环需弹性适中，长短应能调节，佩戴时没有压痛或明显的不舒服感。

耳罩壳体必须能在相互垂直的两个方向上转动。耳垫必须是可更换的，接触皮肤部分应无刺激，且能经受消毒液的反复清洗。耳垫材料必须柔软，具有一定的弹性，以增加耳罩的密封和舒适性。

2. 耳罩性能

耳罩声衰减量、耳罩插入损失值、左右两个耳罩壳体间的插入损失之差值、耳罩夹紧力、抗疲劳性能、抗跌落性能、耐潮性能、耐高温性能、耐低温性能、耐腐蚀性能等必须满足国家标准要求。耳罩产品必须经国家指定的监督检验部门按本标准进行鉴定，取得许可证后才可批量生产。

3. 耳罩标志

每副耳罩产品应有下列内容的永久性标志：制造厂名称及商标；产品型号；制造日期；许可证编号。

## 三、 防噪声头盔

防噪声头盔，是通过头盔壳体、内衬等的吸声、隔音达到降噪的效果。由于使用不便，因此，应用得较少。

## 四、 个性化护耳器

传统的隔音护耳器，只能达到阻隔外界声音的功能，在阻隔有害噪声的同时，也屏蔽了工作、生活中的有用声音——交流的声音，意外的声响，这样会给人们的交流带来许多障碍和麻烦，甚至可能引发危险。

随着科学技术的发展，新材料的出现，基于人性化与高效率的设计理念，现在国外发达国家已经生产出先进的因人而异，甚至是“一对一”即完全根据某人的耳道生理结构及工作场所需要进行设计。此种个性化护耳器，能选择性地过滤高频有害噪声，减少噪声疲倦。在嘈杂的环境中，顺畅交流，消除佩戴传统隔音设备造成的“孤立感”。适用于各种环境，可全天候、全过程佩戴，包括可以保留立体声功效，在佩戴的同时，可以接听耳机。

现代个性化护耳器，主要类型为耳塞，也有精巧的耳罩。但是，其造价堪称“昂贵”，一副高级个性化耳塞，其价格是普通耳塞的上百倍。但是，与此同时，个性化耳塞有一个特点，就是经久耐用，最长的可用 10 多年，这是普通耳塞所无法比拟的。

## 第五节　躯干防护装备

在应急救援工作中，用于躯干防护的安全产品主要是各种类型的防护服，包括化学防护服、隔热服、避火服等。为了避免在易燃易爆气体泄漏场所，因操作人员身体摩擦产生静电引发火灾爆炸，因此，应急救援必须穿着用于避免产生静电火花的静电防护服。

根据使用目的不同，可以分为静电防护服、化学防护服、隔热服、避火服等。化学防护服又可根据使用环境不同，分为防酸、防碱、防辐射、抗油拒水等类型。

### 一、 防静电工作服

防静电工作服是为了防止服装上的静电积聚，用防静电织物为面料，按规定的款式和结构而缝制的工作服。

防静电服必须用防静电织物。防静电织物，是在纺织时，采用混入导电纤维纺成的纱或嵌入导电丝织造形成的织物，也可是经处理具有防静电性能的织物。导电纤维，是全部或部分使用金属或有机物的导电材料或静电耗散材料制成的纤维。

1. 技术要求

（1）服装结构应安全、卫生，有利于人体正常生理要求与健康。

（2）外观要求无破损、斑点、污物以及其他影响穿用性能上的缺陷。

（3）服装应便于穿脱并适应作业时的肢体活动。

（4）服装款式应简洁、实用。根据使用要求，采用“三紧式”上衣、下裤为直筒裤，衣裤（或帽、脚）连体式，及根据实际情况确定的其余款式。

（5）每件防静电服的带电电荷量、耐洗涤性能，必须符合国家防静电服标准。

（6）接缝。服装各部位缝制线路顺直、整齐、平服牢固。上下松紧适宜，无跳针、断线、起落针处应有回针。服装接缝强力不得小于 100N。

（7）服装上一般不得使用金属材质的附件，若必须使用（如纽扣、钩袢、拉链）时，其表面应加掩襟，金属附件不得直接外露。

（8）服装衬里应采用防静电织物，非防静电织物的衣袋、加固布面积应小于防静电服内面积的 20%，防寒服或特殊服装应做成内胆可拆卸式。

2. 防静电服穿用要求

（1）气体爆炸危险场所的 0 区、1 区且可燃物的最小点燃能量在 0.25mJ 以下的区域应穿用防静电服。

爆炸危险场所的分级原则是按爆炸性物质出现的频度、持续时间和危险程度而划分为不同危险等级的区域。

爆炸性气体、易燃或可燃液体的蒸气和薄雾与空气混合形成爆炸性气体混合物的场所，按其危险程度的大小分为三个区域等级。

0 级区域，是指设备的正常启动、停止、正常运行和维修情况下，爆炸性气体混合物连续地、短时间频繁出现或长时间存在的场所。

1 级区域，是指在设备的正常启动、停止、正常运行和维修情况下，爆炸性气体混合物有可能出现的场所。

2 级区域，是指在设备的正常启动、停止、正常运行和维修情况下，爆炸性气体混合物不能出现，仅在有可能发生设备故障或误操作情况下偶尔短时间出现的场所。

（2）禁止在易燃易爆场所穿脱。

（3）禁止在防静电服上附加或佩戴任何金属物件。

（4）穿用防静电服时，必须与 GB 21146 中规定的防静电鞋配套穿用。

3. 防静电服的洗涤

防静电服按规定的程序洗涤，悬挂晾干，水洗后的尺寸变化率应符合国家标准规定。

## 二、防酸碱工作服

在从事生产、搬运、倾倒、调制酸碱，修理或清洗化学装置等职业活动中，如工作场所酸碱容器、管道发生故障或破裂，均有可能引起操作者因强酸、强碱、磷和氢氟酸等化学物质所致的烧伤。

穿着适当的化学防护服，能够有效地阻隔无机酸、碱、溶剂等有害化学物质，使之不能与皮肤接触。就化工厂而言，虽然化工原料一般都是在管道和反应罐中封闭运行，但还应为接触化学物质可能性较大的人员如加料工、维修工等配备适当的防护服，这样一旦由于操作失误或发生泄漏，可以最大限度地保护操作人员的人身安全。

国际上，将可以防护化学类有毒有害物质的防护服统称为化学防护服，根据其设计、功能和有效使用周期分类见表 3-4。

**表 3-4 国际上化学防护服分类**

| 分类依据 | 使用场所 | 品种 |
|---|---|---|
| 设计 | 满足突发事件，清洁有毒废气物的场所，涉及危险化学品操作 | 全封闭防护服 |
| | 防液体化学物质溅射 | 防护服 |
| | 局部防化学物质 | 手套、靴(鞋) |
| 功能 | 污染环境中化学物质成分、浓度不确定的场所；对呼吸系统、黏膜、皮肤可能造成极大危害的场所；有限污染空间或通风条件极差的场合 | A 级气体密闭型防护 |
| | 防液体化学物质溅射，皮肤防护要求不是特别高，只存在液体、不存在气体或蒸气的场所 | B 级防液体化学物质溅射防护服 |
| | 防液体化学物质溅射，化学物质不经皮肤吸收，只存在液体、不存在气体或蒸气的场所 | C 级增强功能型防护服 |
| | 防液体溅射，防护时间有限 | D 级维持功能型防护服 |
| 有效使用期限 | 防护有毒、皮肤可以吸收、渗透力强的化学物质 | 一次性防护服 |
| | 普通化学防护 | 多次反复使用的防护服 |

1. 酸碱防护服分级及款式

织物类防护服装按穿透时间、耐液体静压性能分一级、二级、三级；非织物防护服按渗透时间分为一级、二级、三级，其中，一级的防护性能最低，三级的防护性能最高，以分级条件中最低者的等级作为防护等级。

酸碱防护服分两种款式，一种是分身式，另一种是连体式。

2. 一般要求

（1）服装结构有利于穿着者的安全与卫生，与皮肤直接接触的材料应无皮肤刺激性或其他有害健康的影响，不影响人体正常生理要求。

（2）服装应便于穿脱并利于作业时间的肢体活动。

（3）分身式防护服，上衣应“领口紧、袖口紧和下摆紧”，裤子应为直筒裤。连体式防护服应“领口紧、袖口紧和裤脚紧”。服装应尽可能轻便并易于活动、穿脱。

（4）防护服各部分的结合部位应严密、合理、防止酸碱侵入，防护服的结构应考虑与其他防护装备的搭配使用，如上衣袖子与防护手套、裤子与防护鞋（靴）之间等的结合部位应严密、合理、防止酸碱侵入。

（5）服装上应无可积存酸碱的明衣袋等结构，但可以有内衣袋。

（6）附件应便于连接和脱开，材质应耐腐蚀。

3. 穿着注意事项

酸碱防护服必须与其他防护用品，包括护目镜、手套、鞋靴、面罩配合使用，才能为劳动者提供全面的防护。平时穿着时，各处钩、扣应扣严实，帽、上衣、裤子、手套、鞋靴等结合部位密闭严实，防止酸碱液渗入。穿用中应避免接触锐器，以防受到机械损伤。

应根据产品说明书中的洗涤、熨烫、晾干说明和储存条件、保养方法进行储存、清洗、维护与保养，并根据使用期限和产品判废条件进行判废。

## 三、 阻燃防护服

人体的皮肤对热是非常敏感的，人体的皮肤在接触44℃以上高温时出现烧伤，最先发生创痛形成Ⅰ度烧伤，继而起泡，出现Ⅱ度烧伤。在55℃时，Ⅰ度烧伤维持20s，之后Ⅱ度及Ⅲ度烧伤出现。在72℃时，则完全烧焦。阻燃防护服，是在接触火焰及炽热物体后，在一定时间内能阻止本身被点燃、有焰燃烧和阴燃的防护服。在从事有明火、散发火花、在熔融金属附近操作和有易燃物质并有发火危险的场所，应穿用阻燃防护服，以减缓火焰蔓延，降低热转移速度，并使其碳化形成隔离层，以保护劳动者的安全与健康。

1. 阻燃服分级及款式

阻燃服分为A、B、C三个级别。

（1）A级适用于服用者从事有明火、散发火花、在熔融金属附近操作有辐射热和对流热的场合穿用的阻燃服。

（2）B级适用于服用者从事在有明火、散发火花、有易燃物质并有发火危险的场所穿用的阻燃服。

（3）C级适用于临时、不长期使用的服用者从事在有易燃物质并有发火危险的场所穿用的阻燃服。

阻燃服款式应简洁、实用、美观，宜选用上、下装分离式，衣裤(帽)连体式等。

2. 阻燃服结构

（1）安全、卫生，有利于人体正常生理要求与健康。

（2）适应作业时肢体活动，便于穿脱。穿着尺寸要求宽松。

（3）明衣袋必须带袋盖，上衣长度应盖住裤子上端20cm以上，袖口、脚口、领子应收口，袋盖长度应大于袋口长度2cm。裤子两侧口袋不得用斜插袋，避免明省、活褶向上倒，以免飞溅熔融的金属、火花进入或积存。

（4）在作业中不易引起钩、挂、绞、碾。

（5）在适宜处可留有透气孔隙，以便排汗散湿调节体温。但通风孔隙不得影响服装强度，孔隙结构不得使外界异物进入服装内部。

3. 主要工艺技术要求

（1）阻燃服的阻燃性、外观质量、缝纫线、强力等应符合国家标准技术要求。

（2）附件及辅料要求：

① 扣、钩、拉链应便于连接和解脱，扣、钩、拉链的材质不应使用易熔、易燃、易变形的材料，若必须使用时其表面需加阻燃衣料掩襟。

② 金属部件不应与身体直接接触。如使用橡筋类材料，包覆材料必须阻燃。必须使用里料时，里料要求不熔融。

③ 使用反光带等配料，配料必须是阻燃材料。

（3）衬布。涤棉、棉类面料的服装可敷热熔黏合衬；用于领子、褂面、袖头、下摆卡夫、裤腰、袋盖等部位。敷料部位不渗胶、水洗20次不起泡、不脱层。

（4）缝制工艺。各部位缝合平服，线路顺直、整齐、牢固，针迹均匀，上下线松紧要适宜，起止针处及袋口应回针系牢。

（5）绱袖圆顺，位置适宜。领子平服，不反翘，领子部位明线不能有接线。

（6）所有外露接缝应全部包缝。各部位缝头不小于0.8cm。裤后裆缝用双道线或链式线缝合。

（7）眼位不偏斜，锁眼针迹美观、整齐、平服。

（8）钉扣要牢固，不得钉在单层布上（装饰扣除外）。四合扣牢固，吻合适度，无变形或过紧现象。扣与扣眼及四合扣上下要对位。

（9）绱门襟拉链平服，左右高低一致。

（10）对称部位基本一致。

（11）各部位30cm内不得有两处跳线和连续跳线，链式线迹不允许跳线。

（12）面里平服，不反翘，无明显抽皱。

（13）左右对称，部件定位准确。

（14）外观。整洁美观、熨烫平展、定型充分、整叠规整，无烫黄和水渍。

## 四、 抗油拒水防护服

抗油拒水服，是指经过整理，使防护服织物纤维表面能排斥、疏远油、水类液体介质，从而达到既不妨碍透气舒适，又能有效抗拒此类液体对内衣和人体的侵蚀。抗油拒水服分为冬季和夏季两类抗油拒水防护服。

## 五、 消防防护服

消防防护服，是灭火和抢险救援作业必需的基础性防护器材。发达国家在发展消防防护服的过程中，强调多品种、专用化和与其他防护器材的配套使用。仍暴露出现有消防防护服的实用性和有效性仍与实际需要存在着较大差距，存在“穿着笨重、行动不便、价格昂贵和连续工作时间短”等问题。为此，NFPA 等国际消防组织正在积极研发具备轻便、透气、防火特点，满足 CBRN 防护要求、适于在恶劣气候条件下使用的新一代消防防护服。

消防防护服，根据其性能不同，分为普通防护服和特殊防护服两类。

1. 普通防护服

消防员普通防护服，系指消防员在进行灭火战斗时为保护自身而通常穿着的作业服。

(1) 结构及性能要求

普通防护服为仿猎装式，由上装和下装组成。

防护服分为常规型防护服和防寒型防护服两种。常规型防护服应由阻燃抗湿外罩和可脱卸的抗渗水内层组成。防寒型防护服应由阻燃抗湿外罩和可脱卸的抗渗水内层、保暖层、内衬层组成。

(2) 颜色

公安消防员用的防护服的上装和下装的外罩颜色应为黄绿

色，企业消防员用的防护服的上装应为黄绿色，下装应为深蓝色。防护服镶配有荧光红标志带。

(3) 主要材料性能

防护服外罩和标志带应采用具有服着功能的织物制成，应具有阻燃抗湿性能。

外罩的阻燃性能，按标准方法进行试验，其损毁长度不得大于12cm，续燃时间不得大于2s，阴燃时间不得大于10s，不得有融滴现象。

外罩的抗湿性能，按标准方法进行试验，其沾水等级不得低于GB 4745—2012中3级的要求。

外罩的耐洗涤性能，按标准方法进行相应试验后，其阻燃性能为损毁长度不得大于15cm，续燃时间不得大于5s，阴燃时间不得大于20s，不得有融滴现象，其抗湿性能为沾水等级不得低于GB 4745—2012中2级要求。

外罩的撕破强力，按标准方法进行试验，其经、纬向的撕破强力不得小于32N。

外罩的干态断裂强力，按标准方法进行试验，其经、纬向的断裂强力不得小于450N。

罩的耐磨性能，按标准中方法进行试验，磨损100次后，经、纬向干态断裂强力不得小于200N。

外罩的抗辐射热渗透性能，按标准方法进行试验，待完成一个辐照周期时，外罩的内表面温升不得超过15℃。

防寒型防护服的保暖层，采用涤纶絮片或腈纶人造毛皮制成。外罩的接缝断裂强力，按标准方法进行试验，不得小于360N。

2. 特殊消防服

特殊消防服，包括隔热服、防火隔热服等多个种类。

高性能的避火隔热服，采用复合材料，一般分防火层、防水层、耐火隔热层、阻燃隔热层、舒适层。可抵御1000℃的火焰，并能够有效防护高温水蒸气的喷溅，该产品具有强度高、阻燃、耐高温、抗热辐射、防水、耐磨、耐折、对人体无害等优点，能有效地保障消防队员、高温场所作业人员接近热源而不被酷热、火焰、蒸汽灼伤，适合近火源使用，一般可短时间穿越火区进行灭火战斗和抢险救援，但不适合进入或穿越火源。

这种防护服，一般外覆铝质保护层，服装前部拉链带有保护翻边和按扣，头罩可分离，头部为镀金玻璃面窗，内置安全头盔，带呼吸器背囊，可以配合自给正压式呼吸器使用。

特殊消防服，由于结构层数多，材料用量大，气密性强，因此，比较笨重，一般都在10~15kg，而且，使用不当，容易发生窒息危险，因此，要经常练习，熟练使用。同时，由于用料特殊，工艺复杂，制作要求高，因此，价格昂贵，一般每套价值数万元，因此，必须正确使用特殊消防服，避免误用窒息及使用不当发生损坏。

使用注意事项：

(1) 按常规穿着上衣和下裤。消防靴应穿在裤筒内，然后扣上裤筒口上的搭扣，防止水及熔融物质灌入靴内。

(2) 隔热服具有隔热和阻燃功能，但不能着装进入火焰区内或过分靠近集中热源点，避免直接与火焰和熔化的金属接触，以防损坏服装，伤害人体。

(3) 清除服装脏污可用潮湿的毛巾揩擦，也可使用配制的中性洗涤液用软质毛刷刷洗，用清水冲洗干净后晾干。不得将服装长时间浸泡在水中或强烈搓洗，以防镀铝膜起层、脱落。

(4) 消防隔热服应存放在通风干燥处，定期曝晒，以防发霉毁烂。

## 第六节 足部防护装备

足部防护用品有防护鞋(靴)、护腿、防护鞋罩等用品。

中国加入 WTO，中国鞋业标准逐渐采用国际标准。按照有关国际标准，足部防护鞋(靴)分三大类：安全鞋、防护鞋和职业鞋。

(1) 安全鞋

具有保护特征，用于保护穿着者免受意外事故引起的伤害，装有保护包头，能提供至少 200J 能量测试时的抗冲击保护和至少 15kN 压力测试时的耐压力保护。

(2) 防护鞋

具有保护特征、用于保护穿着者免受意外事故引起的伤害，装有保护包头，能提供至少 100J 能量测试时的抗冲击保护和至少 10kN 压力测试时的耐压力保护。

(3) 职业鞋

具有保护特征、未装有保护包头的鞋，用于保护穿着者免受意外事故引起的伤害。具体可细分为导电鞋、防静电鞋、电绝缘鞋、抗刺穿鞋等。

根据防护鞋的个性化要求，根据实际需要常有以下细化分类防护鞋。

① 防酸碱鞋(靴)。具有防酸碱性能，适合脚部接触酸碱等腐蚀液体的作业人员穿用的鞋(靴)。防酸碱鞋(靴)也叫耐酸碱鞋(靴)。

② 防油鞋(靴)。具有防油性能，适合脚部接触油类的作业人员穿用的鞋(靴)。防油鞋(靴)也叫耐油鞋(靴)。

③ 防砸鞋(靴)。能防御冲击挤压损伤脚骨的防护鞋。有皮安全鞋和胶面防砸鞋等品种。

④ 防刺穿鞋。防御尖锐物刺穿的防护鞋。

(4) 防振鞋。具有衰减振动性能的防护鞋。

(5) 电绝缘鞋(靴)。通过阻断经由脚穿过身体的危险电流的通路，保护穿着者免受电击的鞋。

(6) 防静电鞋。按照 GB/T 20991—2007《个体防护装备　鞋的测试方法》第5.10节规定，测量时，电阻值大于或等于100kΩ和小于或等于1000kΩ的鞋。

（7）导电鞋。按照GB/T 20991—2007《个体防护装备　鞋的测试方法》第5.10节规定，测量时，电阻值小于100kΩ的鞋。

（8）防热阻燃鞋（靴）。防御高温、熔融金属火花和明火等伤害的防护鞋。

（9）电热靴。利用电能取暖的鞋。

护腿是指防御腿部遭受打击的用品。

防护鞋罩是具有防热阻燃或冲击吸收或防酸碱等防护性能的罩鞋用品。

## 第七节　手部防护装备

手是人体器官中最为精细致密的器官之一，它由27块骨骼组成，占人体骨骼总数的1/4，而且肌肉、血管和神经的分布与组织都极其惊人的复杂，仅指尖上每平方厘米的毛细血管长度就可达数米，神经末梢达数千个。这些精细的神经网络可以使我们在几微秒内觉察到冷、热、疼痛等，甚至可以感受到振幅只有头发丝那么微小的振动。因为疏忽了对它的适当保护，以致在各类丧失劳动能力的工伤事故中，手部伤害事故占到了20%。由此可见，正确选择和使用防护用具十分必要。

个体防护手套，是指用来保护手或手的一部分使其免受伤害的个体防护装备。可以扩展到覆盖前臂的部分。手套材质针对工作环境中存在的各种危害因素，可以选择不同的手套种类，如针对化学物质的防化手套，针对电危害的绝缘手套，针对高、低温作业的高、低温手套，针对切割作业的抗割手套，针对振动作业的抗振手套等。手套的材质决定手套的防护性能，是手套选择的依据。

## 一、 手部伤害类型

手部伤害类型，从大的方面可以分为三类。

1. 外伤性创伤

这类手部伤害，是由于机械原因造成对骨骼、肌肉或组织、结构的伤害，如严重的断指、骨裂到轻微的皮肉之伤等。如使用带尖锐部件的工具，操纵某些带刀、尖等的大型机械或仪器，会造成手的割伤等；处理、使用锭子、钉子、起子、凿子、钢丝等会刺伤手；手被卷进机械中会扭伤、压伤甚至轧掉手指等。

2. 接触性皮炎

这类伤害主要是对手部皮肤的伤害。轻者，造成皮肤干燥、起皮、刺痒，重者出现红肿、水疱、疱疹、结疤等。这类伤害造成的原因是长期接触酸、碱的水溶液、洗涤剂、消毒剂等，或接触到毒性较强的化学、生物物质，遭受电击、低温冻伤、高温烫伤、火焰烧伤等。

3. 手臂抖动综合征、白指症等

长期操纵手持振动工具，如油锯、凿岩机、电锤、风镐等，会造成此类伤害。手随工具长时间振动，还会造成对血液循环系统的伤害，而发生白指症。特别是在湿、冷的环境下这种情况很容易发生。由于血液循环不好，手变得苍白、麻木等。如果伤害到感觉神经，手对温度的敏感度就会降低，触觉失灵，甚至会造成永久性的麻木。

## 二、 手套

1. 手套的种类

(1) 从外形上分类

① 五指手套。五个手指分开的手套。

② 三指手套。除拇指和食指外，其余三个手指连在一起的手套。

③ 连指手套(又名手闷子)。四个手指连在一起而与拇指分开的手套。

④ 直型手套。五个手指在一个平面上的手套。

⑤ 手型手套。手掌和五个手指略向内弯，与人手自然放松时的形状基本相同的手套。

⑥ 衬里手套。衬在橡胶或乳胶手套内的织物手套。

（2）从性能上分类

从性能上，防护手套有带电作业用绝缘手套、耐酸(碱)手套、焊工手套、橡胶耐油手套、防X射线手套、防水手套、防毒手套、防机械伤手套、防震手套、防静电手套、防寒手套、防热辐射手套、耐火阻燃手套、电热手套、防微波手套、防切割手套等许多种类。

2. 手套结构

（1）袖筒。覆盖手臂的手套筒状部分。

（2）指叉。手套的手指与手指间的连接部分。

（3）筒口。手套袖筒最上部的开口处。

（4）袖卷边。手套筒口处的加强边。

（5）腕部。手套袖筒的最狭窄部分。

（6）手套掌部。手套覆盖手掌的部分。

（7）手套背部。手套覆盖手背的部分。

（8）手指。手套的指部。

（9）指套。保护单个手指的护套。

3. 手套性能要求

手套的设计与制造应充分考虑使用要求，使使用者在进行相关的作业活动中得到最大限度的保护和操作灵活性。如有必要，手套应有最小穿戴和脱卸时间。当手套的结构采用线缝时，缝线的强度不应明显降低手套的总体性能。

手套的无害性。手套与使用者紧密接触部分，如手套的内衬、线、贴边等均不应有损使用者的安全和健康。生产商对手套中已知的会产生过敏的物质，应在手套使用说明中加以注明。

透水汽性和吸水汽性。在特殊作业场所，手套应有一定的透水汽性和吸水汽性，尽可能地降低排汗影响。

4. 手套选择与应用

(1) 手套尺寸要适当，如果手套太紧，限制血液流通，容易造成疲劳，并且不舒适；如果太松，使用不灵活，而且容易脱落。

(2) 所选用的手套要具有足够的防护作用，该选用钢丝抗割手套的环境，就不能选用合成纱的抗割手套等。要保证其防护功能，就必须定期更换手套。如果超过使用期限，则有可能使手或皮肤受到伤害。

(3) 随时对手套进行检查，检查有无小孔或破损、磨蚀的地方，尤其是指缝。对于防化手套可以使用充气法进行检查。

(4) 注意手套的使用场合，如果一副手套用在不同的场所，则可能会大大降低手套的使用寿命。

(5) 使用中要注意安全，不要将污染的手套任意丢放，避免造成对他人的伤害。暂时不用的手套要放在安全的地方。

(6) 摘取手套一定要注意正确的方法，防止将手套上沾染的有害物质接触到皮肤和衣服上，造成二次污染。

(7) 最好不要与他人共用手套，因为手套内部是滋生细菌和微生物的温床，共用手套容易造成交叉感染。

(8) 戴手套前要洗净双手，手套要戴在干净(无菌)的手上，否则容易滋生细菌。摘掉手套后要洗净双手，并擦点护手霜以补充油脂。

(9) 在戴手套前要罩住伤口，皮肤是抵御外界环境伤害的天然屏障，可以阻止细菌和化学物质的进入。

(10) 不要忽略任何皮肤红斑或痛痒，防止皮炎等皮肤病的发生。如果手部出现干燥、刺痒、水泡等，要及时请医生诊治。

# 第八节 皮肤防护用品

皮肤防护用品，是指防御物理、化学、生物等有害因素损伤劳动者皮肤或经皮肤引起疾病的用品。

## 一、 护肤剂分类及定义

劳动护肤剂分为 6 类：防水型、防油型、遮光型、洁肤型、驱避型、其他用途型。

(1) 防水型护肤剂。能在皮肤上形成疏水性薄膜，以遮盖毛孔，防止水溶性物质损害的护肤剂。有潮湿作业用的护肤膏(霜)，防酸护肤膏(霜)等品种。

(2) 防油型护肤剂。涂抹皮肤上，能形成耐油性薄膜的护肤剂。有漆类作业护肤膏(霜)，防矿物油护肤膏(霜)等品种。

(3) 遮光护肤剂。涂抹皮肤上，具有防御紫外线等辐射的护肤剂。有沥青作业护肤剂，防强光护肤剂，防晒霜等品种。

(4) 洁肤型护肤剂。消除皮肤上的油、尘、毒等沾污所用的护肤剂。

(5) 驱避型护肤剂。涂抹皮肤上，能驱避蚊、蠓、蚋等刺叮骚扰性卫生害虫的护肤剂。

(6) 粉尘洗涤剂。去除炭黑、金属粉尘等沾污用的洗涤剂。

(7) 硝基苯类洗涤剂。去除硝基苯类物质沾污用的洗涤剂。

(8) 肼类洗涤剂。去除肼类物质沾污用的洗涤剂。

## 二、 常见护肤剂种类

### 1. 防护膏

防护膏是最主要的护肤剂。

防护膏主要是由基质与充填剂两部分组成。基质为膏的基本成分，一般为流质、半流质或脂状物质，其作用是增加涂展性，即对皮肤的附着性，从而能隔绝有害物质的浸入。充填剂则决定防护膏的防护效能，具有针对性。由于采用不同的充填剂而获得的防护膏种类很多，现列举几种常见的防护膏如下：

(1) 亲水性防护膏

亲水性防护膏是由硬脂酸、碳酸钠、甘油、香料和水适当比例配合而成。这种防护膏含油分较少，长时间不盖紧存放，会因水分蒸发而变硬固化，应予注意。

亲水性防护膏对防御机械油、矿物油、石蜡痤疮等有一定效果。

(2) 疏水性防护膏

该类防护膏含油脂较多，在皮肤表面形成疏水性膜，堵塞皮肤毛孔，能防止水溶性物质的直接刺激。膏的成分常用凡士林、羊毛脂、蓖子油、鲸蜡、蜂蜡为基质；用氧化镁、次硝酸铋、氧化锌、硬酯酸镁等为充填剂。选用其中几种适宜比例配合制成。

疏水性防护膏能预防酸、碱、盐类溶液对皮肤所引起的皮炎。这类防护膏因有一定黏着性，不宜在有尘毒的作业环境中使用。

(3) 遮光护肤膏

有些物质黏附在皮肤上时，再经光线照射后会引起皮肤发炎和刺痛，这种经光线照射后助长对皮肤刺激反应的化学物质叫光敏性物质，如沥青、焦油等。

遮光防护膏不仅要防光敏物质附着手皮肤上，而且还应有遮断光线的作用。遮断光线的物质有氧化锌、二氧化钛等，主要是利用这些物质为白色能反射光的原理，另一类物质是对光有吸收作用，如盐酸奎宁、柳酸苯酯、阿地平等。前者的遮光效果较好，只是用料较多，防护膏呈白色，涂抹在脸上呈现一层白粉，有碍雅观。需要注意的是，遮光防护膏的基质不宜采用凡士林、植物油或其他能溶解光敏物质的油脂，避免皮肤对毒物吸收引起不良反应。

(4) 滋润性防护膏

这类防护膏近来加入蜂王浆、珍珠粉等类物质，以增加滋润皮肤的功效。对预防和治疗酸碱、水、各种溶剂引起的皲裂和粗糙均有较好的效果。

(5) 皮肤干洗膏

干洗膏是在无水情况下除去皮肤上油污的膏体。这类产品适用于在无水情况下，去除手上的油污，如汽车司机在途中检修排除故障，在野外勘探等环境。

2. 皮肤清洗液

主要是用硅酸钠、烷基酸聚氧化烯(10)醚、甘油、氯化钠、香精等原料，适量比例配合而成的清洗液。对各种油污和尘垢有较好的除污作用，对皮肤无毒，无刺激且能滋润皮肤，防糙裂除异味。

适用于汽车修理、机械维修、机床加工、钳工装配、煤矿采挖、石油开采、原油提炼、印刷油印、设备清洗等行业。

3. 皮肤防护膜

皮肤防护膜，又称隐形皮肤。这种防护膜附着皮肤表面，阻止有害物对皮肤的刺激和吸收作用。

## 三、 护肤剂使用安全性

劳动护肤剂必须具有不对人体皮肤黏膜产生原发性刺激和致敏作用，以及化学物经皮肤吸收而引起全身毒作用和远期效应的安全性。

劳动护肤剂还应符合下列要求：

(1) 使用时，能黏附在皮肤上，但不得使皮肤产生黏腻等不舒适感。

(2) 使用后，必须易于清洗。

## 四、 储存和保质期

应储存在温度不高于 40℃，不低于-10℃，相对湿度低于

90%且通风的仓库内，堆放时应按包装箱标记，不得倒置，应离地面 20cm 以上。

在符合规定的储存条件下，劳动护肤剂若包装完整，未经启封，其保质期不应低于 1 年。

## 第九节　防坠落装备

在高处作业时，稍有不慎，就可能发生高处坠落事故，并造成人员伤亡。使用安全带、安全网等防坠落用品能有效地避免或减轻坠落伤害。因此，在高处作业时，必须采取严密的防坠落措施，配备防止劳动者坠落伤亡的防坠落护品，从根本上防止坠落事故的发生。

### 一、防坠落护品种类

常见的防坠落护品有下列几种：

1. 安全带

适合高处作业劳动者佩带，靠安全绳等附件固定，能防止坠落伤亡的带制护品。

(1) 围杆作业安全带。适合电工、电信工、园林工等杆上作业用的安全带。

(2) 悬挂作业安全带。适合建筑、造船、安装等悬挂作业的安全带。

2. 安全网

用来避免、减轻劳动者坠落和物体打击伤害的网状护品。

(1) 平网。安装平面与地面平行的安全网。

(2) 立网。安装平面与地面垂直的安全网。

3. 安全绳

单独使用或与安全带等配用、防止劳动者坠落的系绳。

4. 脚扣

电工、电信工等使用的套在鞋外，能扣住围杆，支持登高，并能辅助围杆作业安全带防止坠落的护品。

5. 登高板

电工、电信工使用的由系绳、固定挂钩和脚踏板构成的支持登高并能辅助围杆作业安全带防止坠落的护品。

## 二、 安全带

安全带是防止高处作业人员发生坠落或发生坠落后，将作业人员安全悬挂的个体防护装备。

1. 安全带分类和标记

安全带按作业类别分为围杆作业安全带、区域限制安全带、坠落悬挂安全带。

(1) 围杆作业安全带。通过围绕在固定构造物上的绳或带将人体绑定在固定构造物附近，使作业人员的双手可以进行其他操作的安全带。

(2) 区域限制安全带。用以限制作业人员的活动范围，避免使其达到可能发生坠落区域的安全带。

(3) 坠落悬挂安全带。高处作业或登高人员发生坠落时，将作业人员安全悬挂的安全带。

安全带的标记由作业类别、产品性能两部分组成。

用字母代表作业类别：W—围杆作业安全带，Q—区域限制安全带，Z—坠落悬挂安全带。

用字母产品性能：J—抗静电，R—抗阻燃，F—抗腐蚀，T—适合特殊环境。各性能可以组合。

2. 安全带构成

安全带一般由安全绳、系带、缓冲器、速差自控器等配件组成。

(1) 安全绳。在安全带中连接系带与挂点的绳(带、钢丝绳）。一般起扩大或限制佩戴者活动范围、吸收冲击能量的作用。

（2）缓冲器。串联在系带和挂点之间，当发生坠落时，吸收部分冲击能量、降低冲击力的部件。

（3）速差自控器（收放式防坠器）。安装在挂点上，装有可伸缩长度的绳（带、钢丝绳），串联在系带和挂点之间，在坠落发生时因速度变化引发制动作用的部件。与汽车安全带原理类似。

（4）自锁器（导向式防坠器）。随着在导轨上、由坠落动作引发制动作用的部件。

（5）系带。坠落时支撑和控制人体、分散冲击力，避免人体受到伤害的部件。其中承受冲击力的带是主带，不直接承受冲击力的带为辅带。

（6）攀登挂钩。保护作业人员登高途中使用的一种挂钩。

3. 安全带技术要求

（1）安全带、绳和金属配件的破断负荷指标必须符合国家标准。

（2）安全带与身体接触的一面应有突出物，结构应平滑。

（3）安全带不应使用回料或再生料，使用皮革不应有接缝。

（4）安全带可同工作服合为一体，但不应封闭在衬里皮，以便穿脱时检查和调整。

（5）正确穿戴后，腋下、大腿内侧不应有的绳、带以外的物品，不应有任何部件压迫至喉部、生殖器或腹部。

（6）坠落悬挂安全带的安全绳同主带的连接点应固定于佩戴者的后背、后腰或胸前，不应位于腋下、腰侧或腹部。同时，应带有一个足以装下连接器及安全绳的口袋。

（7）零部件有关要求：金属零件应浸塑或电镀以防锈蚀。调节扣不应划伤带子，可以使用滚花的零部件。所有零部件应顺滑，无材料或制造缺陷，无尖角或锋利边缘。8 字环、品字环不应有尖角、倒角。金属环类零件不应使用焊接件，不应留有开口。连接器的活门有保险功能，应在两个明晰的动作下才能打开。在爆炸场所使用的安全带，应对其金属零部件进行防爆处理。

（8）织带与绳要求：主带应是整根，不能有接头。宽度不应小于40mm，辅带宽度不应小于20mm。腰带应和护腰带同时使用。主带扎紧扣应可靠，不能意外开启。

安全绳（包括未展开的缓冲器）有效长度不应大于2m，有两根安全绳（包括未展开的缓冲器）的安全带，其单根长度不应大于1.2m。安全绳编花部分可加护套，使用的材料不应同绳的材料产生化学反应，应尽可能透明。

护腰带整体硬挺度不应小于腰带的硬挺度，宽度不应小于80mm，长度不应小于600mm，接触腰的一面应有柔软、吸汗、透气的材料。

织带和绳的端头在缝纫或编花前应经燎烫处理，不应留有散丝。织带折头连接应使用线缝，不应使用铆钉、胶粘、热合等工艺。织带折头缝纫后及绳带编花后不应进行燎烫处理。

钢丝绳的端头在形成环眼前应使用铜焊或加金属帽（套）将散头收拢。

绳、织带和钢丝绳形成的环眼内应有塑料或金属支架。

用于焊接、炉前、高粉尘浓度、强烈摩擦、割伤危害、静电危害、化学品伤害等场所的安全绳应加相应护套。

4. 使用和保管

（1）安全带应高挂低用，注意防止摆动碰撞。

（2）缓冲器、速差式装置和自锁钩可以串联使用。

（3）不准将绳打结使用。也不准将钩直接挂在安全绳上使用，应挂在连接环上使用。

（4）安全带上的各种部件不得任意拆掉。更换新绳时要注意加绳套。

(5) 使用频繁的绳，要经常做外观检查，发现异常时，应立即更换新绳。带子使用期为3~5年，发现异常应提前报废。

(6) 禁止将安全绳用作悬吊绳。悬吊绳与安全绳禁止共用连接器。所有绳在构造上和使用过程中不应打结。

(7) 安全带应储藏在干燥、通风的仓库内，不准接触高温、明火、强酸和尖锐的坚硬物体，也不准长期暴晒。

## 三、 安全网

安全网是用来防止人、物坠落或用来避免、减轻坠落及物击伤害的网具。安全网类型主要有两类，一是平网，二是立网。根据安全网所用材料，又可分为普通安全网、阻燃安全网、密目安全网、拦网、防坠网。所用材质，平(立)网可采用锦纶、维纶、涤纶或其他材料制成。

# 第四章 通信信息装备

快速、有效的通信，是事故应急救援的重要保障。许多工业生产如石油化工、矿山开采往往是气候条件恶劣、地理条件复杂的大漠、戈壁、山区、河湖等野外场所，涉及偏远无人的公路，也涉及繁华拥挤的城市街道。无论是在城区，还是在野外，出现险情，甚或发生事故之后，及时的通信报告与救援指挥，对于应急救援的及时性、准确性、高效性，都具有重要的保障作用。

## 一、 应急通信信息装备种类

当前，应急救援通信信息装备包括通信装备与信息处理装备两大类。

**(一) 通信装备**

通信装备包括有线、无线电话通讯两大类。每一类又分许多小类。

*1. 有线通信装备*

有线通信装备，主要包括普通固定电话机、专用防爆电话机、有线视频对讲机、专用保密通信装备。

*2. 无线通信装备*

无线通信装备，主要包括普通对讲机、专用防爆对讲机；普通移动电话机、专用移动电话机；固定卫星站、移动卫星小站等。

**(二) 信息处理装备**

信息处理装备，是指进行信息传输与处理的装备。主要包括多路传真和数字录音系统；摄影、摄像装备；计算机，无线上网卡等。

## 二、通信信息装备的功能与使用

有些通信信息装备是普通生活中就经常用到的，如电话机、传真机、计算机等。下面着重介绍一些生活中不常用的专用通信信息装备。

**（一）防爆电话机**

在石油化工企业的易燃易爆场所，因为存在易燃易爆气体、液体泄漏的可能性，如果电话不防爆，就可能成为火灾爆炸事故的促发剂。因此，在这种场所，必须使用防爆电话。

现在，防爆电话机的生产厂商已经很多，技术上也比较成熟。防爆电话机一般都是防隔爆兼本质安全型防爆电话机，在使用上，直接连到电话交换机即可，很方便。

**（二）无线防爆对讲机**

无线电对讲机是一种只需轻按一键，便可与一个或一组人通话的设备。对讲机是应急救援指挥中一个人与一组人联络所必备的工具，仅需一个呼叫，这个人便可以和组内的所有人通话，不论他们分布在何处。对讲机也可与市话相联。无线对讲机从技术上已经很成熟，石油化工企业中使用的防爆对讲机，也有一些技术成熟的厂家生产。

无线电对讲机具有许多优点：

（1）节省成本。

对讲机不同于移动电话，它不用根据通话时间计费。比较移动电话和双向对讲机的成本，用户会发现对讲机更经济实用。

（2）对讲机不受网络限制。

对讲机不受网络限制，在网络未覆盖到的地方，对讲机可以让使用者轻松沟通；对讲机提供一对一，一对多的通话方式，一按就说，操作简单，令沟通更自由，尤其是紧急调度和集体协作工作的情况下，这些特点是非常重要的；通话成本低。

（3）通话距离远。

常规对讲机的通话距离一般为 3~5km，但在有高大建筑物或高山阻挡的情况下，通话距离会相对短些。当有网络支持时，对讲机的通话范围可达几十公里。

（4）申领方便。

大众消费者也是可以买对讲机的，但以前购买和使用对讲机都必须向当地无线电管理委员会申请，领取电台执照并交纳频率占用费。从 2001 年 12 月 6 日起，我国开放民用对讲机市场，使用 400MHz，发射功率小于 0.5W 的民用对讲机，无须办理任何手续。

但是，为保证绝大多数用户通话不受干扰以及合理地利用频率资源，国家无线台管理委员会对频率的使用进行了划分，规定不同的行业使用相应的频率范围。因此，在特殊情况下，用户在购买对讲机的时候，要向当地的无线电管理委员会申请频点。

（5）无线对讲机能打电话。

在有网络支持的条件下，对讲机可以用来打电话。但若只是单机之间的常规通话，就不能实现打电话的功能。

**（三）影像采集装备**

影像采集，对于应急救援信息的现场指挥、事后评价等提供重要的支持。传统上一般采用胶卷照相机、卡带摄像机，现在应用最广泛、处理速度最快、效果最好的是数码摄像机（DV）、数码照相机（DC）。

1. 数码摄像机（DV）

DV 是 Digital Video 的英文缩写，DV 机是一种应用数字视频格式记录音频、视频数据的数码摄像机。

DV 机提供了一次拍摄工具的重大革新，新的摄像机记录视频不再采用模拟信号，而是以压缩的数字信号为记录、制作和传递视频素材的方式。DV 摄像机轻便灵巧，便于携带，操作方便、易学易懂。DV 摄像机的最大优势，一是大大提高了视频制作的速度，二是大幅度降低了视频制作的成本。

2. 数码照相机(DC)

DC 机是 Digital Camera 的英文缩写，DC 机是一种应用数字视频格式记录画面的数码照相机，随着数码相机内存的增大，许多数码相机也具有 DV 的摄像功能，但是摄像的时间短暂，镜头取景也往往大受限制。

3. 数码摄像机、数码照相机的数据传送

数码照相机的数据传送只能在相机、电视、计算机进行观看，也可以洗成纸质相片。但不能进行实时数据传送。

数码摄像机可以通过数码摄像机、电视、电脑进行观看。其数据传送方式有两种，一种是有线传送，另一种是无线传送。

有线传送，即用专用数据传送线将数码摄像机与指挥部的电视、电脑等视频工具连接，前方摄取的画面可以随时传送到指挥部。

无线传送，即通过专用无线传送设备与摄像机连接，摄像机通过该专用传送设备实时传送到指挥部的接受系统上，这样，大大增加了摄像机的机动性和应急救援的效率与效果。这种技术，由于成本较高，应用得还很不广泛。

4. 数码摄像机、数码照相机在应急救援中的应用

DV、DC 技术在对应急救援工作具有十分广泛的应用价值，如对火灾、泄漏等事故现场可采集到真实动态的画面，并可实现有线、无线远程传输，这种对事故现场、抢险救援现场的实时监测，对辅助指挥决策具有非常直观、高效的作用。

消防部队是和平时期出动频率最高的部队，面对的往往是与死神打交道的危险现场。在危机四伏的现场，必须严格控制人员的进入，避免不必要的伤亡。但是现场指挥员往往只有靠侦察人员的描述作出判断，指挥员作出抉择的依据是经过侦察员大脑过滤后的信息，而且语言的描述不具备直观、形象的特点。前方侦

察员如果有DV的协助，就可以使指挥部更加全面直观地掌握事故中心的实际情况。DV小巧便携、操作简单，非专业摄像人员只需要通过简单的学习就可以掌握使用方法，这就使DV在事故处置中有了极大的用武之地。

如，某化工厂发生爆炸，现场残存200多吨乳化炸药和硝酸铵等原材料。由于在处置过程中仍然存在爆炸危险，只有少量必需的工作人员留在爆炸中心区，其余人员全部撤离到安全区域。这时DV的优势又一次得到了展现。救援人员将DV架设在爆炸中心的开阔处，通过有线传输的方式将信号传送到位于安全区域的移动通信指挥车。现场指挥部只需要在指挥车通过观看实时视频，就可与前方抢险人员取得联系，指挥搜救排险工作。使得应急救援过程中次生伤害的概率与严重程度大大降低。

随着我国经济实力的进一步提高，DV成本的降低，DV技术必将在应急救援工作中发挥越来越大的作用。

## 三、 无线微波摄像监控系统

众所周知，在厂区、山区、江河、湖泊、沙漠等场所，对生产现场、事故现场实现全方位的远程安全视频监控，如果采用传统方式埋设光缆、架空线路来用于传输远程视频监控信号，该方式造价极高、工程量大、不利于维护管理，另一方面也会带来某些隐患如火灾。而采用远程无线数字微波技术，就可以大大地减少工程量，提高信息采集速度。

远程数字微波无线监控系统，要在各个监控要点架设远程数字微波高速监控摄像镜头，通过无线微波将模拟视频、音频信号转换为数字信号，传输到远程监控中心，采用高倍、高速一体化彩转黑超低照度球机，可观察方圆10km内的人员、车辆活动情况。

通过远程无线数字微波将各个要点的监控视频、音频信号传至中央控制室，中央控制室可以通过远程遥控各观察点的高速摄像机，监控观测各监控点的实时动态图像，从而做出实时的判断决策，来防止监控区内突发事件的发生或对已发生的突发事件进行及时的处理，做到及时准确，减少损失。

该系统具有下列优点：

(1) 中央监控控制预警系统将会发出报警指令，时实录制现场实况，时实将现场实况传输到相关领导办公室的接收电视里，并自动报警。

(2) 数字微波无线远程监控系统可以使用控制键盘对每台远程图像集中监控主机进行完全控制，包括参数设置、录像回放、录像查询、云台镜头控制等。远程监控点可以使用 PC 机上的键盘或后端译码矩阵控制键盘进行画面监控，云台镜头控制、录像查询、文件下载等。

(3) 网络监视和回放：远程图像集中监控系列产品的网络传输，是不同画面分别打包传输的。因此无论网络监视还是网络录像回放，每个信道都可以获得优良画质。

(4) 远程图像集中监控系统可显示操作的历史记录，包括系统设置、录像、回放、备份、远程访问及控制等详细数据，有助于安全保卫工作；开机关机、进入设置菜单、回放录像、停止录像、网络访问有密码限定。

数字微波传输比模拟微波传输方式具有很大的优越性。

在微波信道方面，无线微波摄像机的信号传输分为模拟与数字两种传输方式。就模拟微波而言，由于它对多路反射信号的影响非常敏感，一般无法在室内如音乐厅及演播室等使用。在室外转播中使用模拟微波，当运动拍摄时，为了得到较好的信号接收效果，通常采用定向跟踪，这样就得配备有经验的天线操作员。此外，模拟微波受环境影响信号衰落较大，摄像机很难在人群等场合拍摄，信号质量会时好时坏，甚至会出现信号中断的现象。

近年来，人们将数字电视地面传输(DVB-T)技术引入无线摄像，采用 COFDM 调制技术很好地解决了移动传输中的多径干扰问题。数字微波可以使用全向发射天线，在接收端则利用多个天线进行分集接收，在其有效的覆盖范围内信号质量将保持不变。这种利用数字传输技术的无线微波摄像系统，既可以在室外，又可以在室内应用，而且在运动拍摄时也免去了烦琐的天线跟踪。

# 第五章 灭火装备

## 第一节 便携灭火装备

### 一、灭火器

火的形成需要三个要件：即可燃物、助燃物和火源，三者缺一火即无法形成。对火灾扑救，通常采用窒息(隔绝空气)、冷却(降低温度)和拆除(移去可燃物)三种。

灭火器是一种可由人力移动的轻便灭火器具。它能在其内部压力作用下将所充装的灭火剂喷出，用来扑灭火灾。由于它的结构简单，操作方便，使用面广，对扑灭初起火灾有一定效果，因此，在工厂、企业、机关、商店、仓库，以及汽车、轮船、飞机等交通工具上，几乎到处可见，已成为群众性的常规灭火武器。

火灾事故，特别是石油化工火灾事故，具有易发、多发、发展速度快的明显优点，因此，不仅需要消防车等大型消防装备，而且，更需要大量的轻便灭火器具，用于扑灭初期火灾，这对石油化工企业的火灾处置具有非常重要的作用。因此，首先选型要对，根据不同的火灾类型，正确选用灭火器的配置类型；其次，要数量足，根据保护距离、保护面积、防火单元等配置足够数量的灭火器；最后，要会使用，要根据不同类型的灭火器及火灾场合，正确使用灭火器，只有如此，才能充分满足火灾应急处置需要。

**（一）火灾的种类**

依据 GB 50140—2005《建筑灭火器配置设计规范》的规定，火灾可分为五类：

1. A 类火灾

固体物质火灾。如：木材、棉、毛、麻、纸张及其制品等燃烧的火灾。

2. B 类火灾

液体火灾或可熔化固体物质火灾。如：汽油、煤油、柴油、原油、甲醇、乙醇、沥青、石蜡等燃烧的火灾。

3. C 类火灾

气体火灾。如：煤气、天然气、甲烷、乙烷、丙烷、氢气等燃烧的火灾。

4. D 类火灾

金属火灾。如：钾、钠、镁、钛、锆、锂、铝镁合金的燃烧的火灾。

5. E 类火灾(带电火灾)

物体带电燃烧的火灾。如：发电机房、变压器室、配电间、仪器仪表间和电子计算机房等在燃烧时不能及时或不宜断电的电气设备带电燃烧的火灾，必须用能达到电绝缘性能要求的灭火器来扑救。

灭火器的灭火级别应由数字和字母组成，数字应表示灭火级别的大小，字母(A 或 B)应表示灭火级别的单位及适用扑救火灾的种类。

**（二）灭火器的分类**

灭火器的种类很多，按其移动方式可分为：手提式、推车式和投掷式；按驱动灭火剂的动力来源可分为：储气瓶式、储压式、化学反应式；按所充装的灭火剂则又可分为：泡沫、干粉、二氧化碳、酸碱、清水、六氟丙烷灭火器。

**(三)不同类型灭火器之间的相容性**

不同类型灭火器所充装的灭火剂不同，在灭火时，不同的灭火剂可能会发生反应，导致不利于灭火的反作用。因此选用两种或两种以上类型的灭火器时，应采用灭火剂相容的灭火器。不相容的灭火剂见表5-1。

**表5-1 不相容的灭火剂**

| 类　　型 | 不相容的灭火剂 | |
|---|---|---|
| 干粉与干粉 | 磷酸铵盐 | 碳酸氢钠、碳酸氢钾 |
| 干粉与泡沫 | 碳酸氢钾、碳酸氢钠 | 蛋白泡沫 |
| 泡沫与泡沫 | 白泡沫、氟蛋白泡沫 | 水成膜泡沫 |

**(四)灭火器选择**

灭火器选择的综合考虑因素：灭火器配置场所的火灾种类、灭火有效程度、对保护物品的污损程度、设置点的环境温度、使用灭火器人员的素质。

灭火器类型的选择要求如下：

(1)A类火灾场所应选择水型灭火器、磷酸铵盐干粉灭火器、泡沫灭火器或卤代烷灭火器。

(2)B类火灾场所应选择泡沫灭火器、碳酸氢钠干粉灭火器、磷酸铵盐干粉灭火器、二氧化碳灭火器、灭B类火灾的水型灭火器或卤代烷灭火器。极性溶剂的B类火灾场所应选择灭B类火灾的抗溶性灭火器。

(3)C类火灾场所应选择磷酸铵盐干粉灭火器、碳酸氢钠干粉灭火器、二氧化碳灭火器或卤代烷灭火器。

(4)D类火灾场所应选择扑灭金属火灾的专用灭火器。在无此类灭火器和灭火剂的情况下，可采用干砂或铸铁屑末来替代。

(5)E类火灾场所应选择磷酸铵盐干粉灭火器、碳酸氢钠干粉灭火器、卤代烷灭火器或二氧化碳灭火器，但不得选用装有金属喇叭喷筒的二氧化碳灭火器。

说明：本规定主要是为了防止因选配灭火器不当而造成不必要的电击伤人或设备事故。

(6) 在同一灭火器配置场所，当选用同一类型灭火器时，宜选用操作方法相同的灭火器。

(7) 在同一灭火器配置场所，当选用两种或两种以上类型灭火器时，应采用灭火剂相容的灭火器。

(8) 在非必要配置卤代烷灭火器的场所不得选用卤代灭火器，宜选用磷酸铵盐干粉灭火器或轻水泡沫灭火器等其他类型灭火器。

说明：为了保护大气臭氧层和人类生态环境，在非必要场所应当停止再配置卤代烷灭火器。

**(五) 工业建筑灭火器配置场所的危险等级**

工业建筑灭火器配置场所的危险等级，根据其生产、使用、储存物品的火灾危险性、可燃物数量、火灾蔓延速度以及扑救难易程度等因素，划分为以下三级：

1. 严重危险级

火灾危险性大、可燃物多、起火后蔓延迅速或容易造成重大火灾损失的场所。

2. 中危险级

火灾危险性较大、可燃物较多、起火后蔓延较迅速的场所。

3. 轻危险级

火灾危险性较小、可燃物较少、起火后蔓延较缓慢的场所。

工业建筑灭火器配置场所的危险等级举例见表 5-2。

**(六) 灭火器配置标准**

A 类火灾配置场所灭火器的配置基准，应符合表 5-3 的规定。

**表 5-2　工业建筑灭火器配置场所的危险等级举例**

| 危险等级 | 举例 | |
|---|---|---|
| | 厂房和露天、半露天生产装置区 | 库房和露天、半露天堆场 |
| 严重危险级 | 闪点<60℃的油品和有机溶剂的提炼、回收、洗涤部位及其泵房、罐桶间。<br>橡胶制品的涂胶和胶浆部位。<br>二氧化碳的粗馏、精馏工段及其应用部位。<br>甲醇、乙醇、丙酮、丁酮、异丙醇、醋酸乙酯、苯等的合成或精制厂房。<br>植物油加工厂的浸出厂房。<br>洗涤剂厂房石蜡裂解部位、冰醋酸裂解厂房。<br>环氧氯丙烷、苯乙烯厂房或装置区。<br>液化石油气罐瓶间。<br>天然气、水煤气或焦炉煤气的净化(如脱硫)厂房压缩机室及鼓风机室。<br>乙炔站、氢气站、煤气站、氧气站。<br>硝化棉、赛璐珞厂房及其应有用部位。<br>黄磷、赤磷制备厂房及其应用部位。<br>樟脑或松香提炼厂房，焦化厂精萘厂房。<br>煤粉厂房和面粉厂房的碾磨部位。<br>谷物筒仓工作塔、亚麻厂的除尘器和过滤器室。<br>氯酸钾厂房及其应用部位。<br>发烟硫酸或发烟硝酸浓缩部位。<br>高锰酸钾、重铬酸钠厂房。<br>过氧化钠、过氧化钾、次氯酸钙厂房。<br>各工厂的总控制室、分控制室。<br>可燃材料工棚 | 化学危险物品库房。<br>装卸原油或化学危险物品的车站、码头。<br>甲、乙类液体储罐、桶装堆场。<br>液化石油气储罐区、桶装堆场。<br>散装棉花堆场。<br>稻草、芦苇、麦秸等堆场。<br>赛璐珞及其制品、漆布、油布、油纸及其制品，油绸及其制品库房。<br>60 度以上的白酒库房 |

**表 5-3　A 类火灾配置场所灭火器的配置基准**

| 危险等级 | 严重危险级 | 中危险级 | 轻危险级 |
|---|---|---|---|
| 单具灭火器最小配置灭火级别 | 3A | 2A | 1A |
| 单位灭火级别最大保护面积/($m^2$/A) | 50 | 75 | 100 |

B、C 类火灾配置场所灭火器的配置基准，应符合表 5-4 的规定。

**表 5-4 B、C 类火灾配置场所灭火器的配置基准**

| 危险等级 | 严重危险级 | 中危险级 | 轻危险级 |
|---|---|---|---|
| 单具灭火器最小配置灭火级别 | 89B | 55B | 21B |
| 单位灭火级别最大保护面积/($m^2$/B) | 0.5 | 1.0 | 1.5 |

设有消火栓、灭火系统的灭火器配置场所，可按下列规定减少灭火器配置数量：

设有消火栓的，可相应减少 30%；设有灭火系统的，可相应减少 50%；设有消火栓和灭火系统的，可相应减少 70%；可燃物露天堆垛，甲、乙、丙类液体储藏，可燃气体储罐的灭火器配置场所，灭火器的配置数量可相应减少 70%。

一个灭火器配置场所内的灭火器不应少于 2 具。每个设置点的灭火器不宜多于 5 具。

灭火器应设置在明显和便于取用的地点，且不得影响安全疏散。

**（七）灭火器保护距离**

灭火器保护距离，是指灭火器配置场所内任何一着火点到最近灭火器设置点的行走距离。

设置在 A 类火灾配置场所的灭火器，其最大保护距离符合表 5-5 的规定。

**表 5-5 A 类火灾配置场所灭火器最大保护距离**

m

| 灭火器类型危险等级 | 手提式灭火器 | 推车式灭火器 |
|---|---|---|
| 严重危险级 | 15 | 30 |
| 中危险级 | 20 | 40 |
| 轻危险级 | 25 | 50 |

设置在 B、C 类火灾配置场所的灭火器，其最大保护距离应

符合表 5-6 的规定。

**表 5-6　B、C 类火灾配置场所灭火器最大保护距离**　　m

| 灭火器类型危险等级 | 手提式灭火器 | 推车式灭火器 |
| --- | --- | --- |
| 严重危险级 | 9 | 18 |
| 中危险级 | 12 | 24 |
| 轻危险级 | 15 | 30 |

D 类火灾场所的灭火器，其最大保护距离应根据具体情况研究确定。

E 类火灾场所的灭火器，其最大保护距离不应低于该场所内 A 类或 B 类火灾的规定。

**（八）灭火器的使用方法**

四氯化碳灭火器是一种老消防产品，不仅灭火效率低，而且在灭火时由于高温的作用，产生有毒光气，属窒息性毒剂，对人畜都有危害。国外早已禁止使用，我国也已禁止生产、销售四氯化碳灭火器。

由于 1211 和 1301 灭火剂是破坏臭氧层很强的物质，臭氧层的破坏将会影响生态环境和人类健康，我国在 1987 年签署了联合国环境署（UNEP）的《关于消耗臭氧层物质的蒙特利尔协议书》，旨在控制和淘汰这类物质，我国政府承诺 2006 年停止 1211 灭火剂的生产，2010 年停止 1301 灭火剂的生产。

1. 二氧化碳灭火器的使用方法

灭火时只要将灭火器提到或扛到火场，在距燃烧物 5m 左右，放下灭火器拔出保险销，一手握住喇叭筒根部的手柄，另一只手紧握启闭阀的压把。对没有喷射软管的二氧化碳灭火器，应把喇叭筒往上扳 70°~90°。

使用时，不能直接用手抓住喇叭筒外壁或金属连线管，防止手被冻伤。灭火时，当可燃液体呈流淌状燃烧时，使用者将二氧化碳灭火剂的喷流由近而远向火焰喷射。当可燃液体在容器内燃烧时，使用者应将喇叭筒提起。从容器的一侧上部向燃烧的容器中喷射。但不能将二氧化碳射流直接冲击可燃液面，以防止将可燃液体冲出容器而扩大火势，造成灭火困难。

在室外使用二氧化碳灭火器时，应选择在上风方向喷射；在室内窄小空间使用时，灭火后操作者应迅速离开，以防窒息。

2. 手提式干粉灭火器的使用方法

灭火时，可手提或肩扛灭火器快速奔赴火场，在距燃烧处5m左右，放下灭火器。如在室外，应选择站在上风方向喷射。

使用的干粉灭火器若是储气瓶式，操作者应一手紧握喷枪，另一手提起储气瓶上的开启提环。如果储气瓶的开启是手轮式的，则向逆时针方向旋开，并旋到最高位置，随即提起灭火器。当干粉喷出后，迅速对准火焰的根部扫射灭火。使用的于粉灭火器若是储压式，操作者应先将开启把上的保险销拔下，然后握住喷射软管前端喷嘴部，另一只手将开启压把压下，打开灭火器进行灭火。灭火器在使用时，一手应始终压下压把，不能放开，否则会中断喷射。

干粉灭火器扑救可燃、易燃液体火灾时，应对准火焰根部扫射，若被扑救的液体火灾呈流淌燃烧，则应对准火焰根部由近而远，并左右扫射，直至把火焰全部扑灭。如果可燃液体在容器内燃烧，使用者应对准火焰根部左右晃动扫射，使喷射出的干粉流覆盖整个容器开口表面；当火焰被赶出容器时，使用者仍应继续喷射，直至将火焰全部扑灭。在扑救容器内可燃液体火灾时，应注意不能将喷嘴直接对准液面喷射，防止喷流的冲击力使可燃液体溅出而扩大火势，造成灭火困难。如果可燃液体在金属容器中燃烧时间过长，容器的壁温已高于扑救可燃液体的自燃点，此时极易造成灭火后再复燃的现象，若与泡沫类灭火器联用，则灭火效果更佳。

使用磷酸铵盐干粉灭火器扑救固体可燃物火灾时，应对准燃烧最猛烈处喷射，并上下、左右扫射。如条件允许，使用者可提着灭火器沿着燃烧物的四周边走边喷，使干粉灭火剂均匀地喷在燃烧物的表面，直至将火焰全部扑灭。

3. 推车式干粉灭火器的使用方法

推车式干粉灭火器的使用方法与手提式干粉灭火器的使用方法相同。

初起火灾范围小、火势弱，是用灭火器灭火的最佳时机。因此，正确合理地配置灭火器显得非常重要。

4. 手提式泡沫灭火器的使用方法

可手提筒体上部的提环，迅速奔赴火场。这时应注意不得使灭火器过分倾斜，更不可横拿或颠倒，以免两种药剂混合而提前喷出。当距离着火点 10m 左右，即可将筒体颠倒过来，一只手紧握提环，另一只手扶住筒体的底圈，将射流对准燃烧物。在扑救可燃液体火灾时，如已呈流淌状燃烧，则将泡沫由远而近喷射，使泡沫完全覆盖在燃烧液面上；如在容器内燃烧，应将泡沫射向容器的内壁，使泡沫沿着内壁流淌，逐步覆盖着火液面。切忌直接对准液面喷射，以免由于射流的冲击，反而将燃烧的液体冲散或冲出容器，扩大燃烧范围。在扑救固体物质火灾时，应将射流对准燃烧最猛烈处。灭火时随着有效喷射距离的缩短，使用者应逐渐向燃烧区靠近，并始终将泡沫喷在燃烧物上，直到扑灭。使用时，灭火器应始终保持倒置状态，否则会中断喷射。

手提式泡沫灭火器存放应选择干燥、阴凉、通风并取用方便之处，不可靠近高温或可能受到曝晒的地方，以防止碳酸分解而失效；冬季要采取防冻措施，以防止冻结；并应经常擦除灰尘、疏通喷嘴，使之保持通畅。

5. 推车式泡沫灭火器的使用方法

使用时，一般由两人操作，先将灭火器迅速推拉到火场，在距离着火点 10m 左右处停下，由一人施放喷射软管后，双手紧握喷枪并对准燃烧处；另一个则先逆时针方向转动手轮，将螺杆升到最高位置，使瓶盖开足，然后将筒体向后倾倒，使拉杆触地，并将阀门手柄旋转 90°，即可喷射泡沫进行灭火。如阀门装在喷枪处，则由负责操作喷枪者打开阀门。

灭火方法及注意事项与手提式化学泡沫灭火器基本相同，可以参照。由于该种灭火器的喷射距离远，连续喷射时间长，因而可充分发挥其优势，用来扑救较大面积的储槽或油罐车等处的初起火灾。

6. 空气泡沫灭火器适应火灾及使用方法

使用时可手提或肩扛迅速奔到火场，在距燃烧物 6m 左右，拔出保险销，一手握住开启压把，另一手紧握喷枪；用力捏紧开启压把，打开密封或刺穿储气瓶密封片，空气泡沫即可从喷枪口喷出。灭火方法与手提式化学泡沫灭火器相同。但空气泡沫灭火器使用时，应使灭火器始终保持直立状态，切勿颠倒或横卧使用，否则会中断喷射。同时应一直紧握开启压把，不能松手，否则也会中断喷射。

7. 酸碱灭火器适应火灾及使用方法

(1) 适应范围

适用于扑救 A 类物质燃烧的初起火灾，如木、织物、纸张等燃烧的火灾。它不能用于扑救 B 类物质燃烧的火灾，也不能用于扑救 C 类可燃性气体或 D 类轻金属火灾。同时也不能用于带电物体火灾的扑救。

(2) 使用方法

使用时应手提筒体上部提环，迅速奔到着火地点。决不能将灭火器扛在背上，也不能过分倾斜，以防两种药液混合而提前喷射。在距离燃烧物 6m 左右，即可将灭火器颠倒过来，并摇晃几次，使两种药液加快混合；一只手握住提环，另一只手抓住筒体下的底圈将喷出的射流对准燃烧最猛烈处喷射。同时随着喷射距离的缩减，使用人应向燃烧处推进。

8. 六氟丙烷手提式灭火器使用方法

自从世界各国共同签署了《蒙特利尔公约议定书》后，卤代烷1211和1301灭火器在全球范围内遭到了全面禁止。与此同时，世界各国开发出一系列卤代烷灭火器的替代产品。由上海某公司研究开发的安灭净六氟丙烷灭火器，是其中一种新型洁净气体灭火器，该公司也是国内第一家能够生产洁净气体灭火器的生产厂家。

六氟丙烷灭火器的灭火范围：适用于扑救易燃、可燃液体、气体以及带电设备的火灾，也能对固体物质表面火灾进行扑救(如竹、纸、织物等)，尤其适用于扑救精密仪表、计算机、珍贵文物以及贵重物资仓库的火灾，也能扑救飞机、汽车、轮船、宾馆等场所的初起火灾。

六氟丙烷手提式灭火器就是采用六氟丙烷灭火剂的一种新型灭火器。六氟丙烷手提式灭火器的优点：在规定的灭火浓度下对人体完全无害，与1211相比，其可见不良反应最低值为15%，而1211为1%，可见六氟丙烷安全得多。可以在有人工作的场所安全地使用。

由于六氟丙烷的沸点为-1.5℃，喷放时不会引起设备表面温度急剧下降(如二氧化碳)，对精密设备和其他珍贵财物无任何伤害。

根据大量已经得到认证的灭火试验结果，证明六氟丙烷手提式灭火器能够有效地扑灭A类火灾、B类火灾和C类火灾和电气火灾。从关于A类火灾、B类火灾、C类火灾和D类火灾的定义可以看出，一般的民用建筑和工业建筑内发生的火灾都应该是属于A类火灾、B类火灾和C类火灾。所以，六氟丙烷手提式灭火器可以适用于目前绝大多数的场所。

**(九) 灭火器灭火的有效程度**

相对于扑灭同一火灾而言，不同灭火器的灭火有效程度有很大差异；二氧化碳和泡沫灭火剂用量较大，灭火时间较长；干粉灭火剂用量较少，灭火时间很短。配置时可根据场所的重要性，对灭火速度要求的高低等方面综合考虑。

### （十）灭火器设置场所的环境温度

灭火器设置场所的环境温度对于灭火器的喷射性能和安全性能有明显影响。若环境温度过低则灭火器的喷射性能显著降低，影响灭火效能；若环境温度过高则灭火器内压增加，灭火器有爆炸伤人的危险。因此灭火器设置点的环境温度应在灭火器的使用温度范围内。具体见表5-7。

**表5-7　灭火器的使用温度范围**

| 灭火器类型 | | 使用温度范围/℃ |
| --- | --- | --- |
| 清水灭火器 | | +4～+55 |
| 酸碱灭火器 | | +4～+55 |
| 化学泡沫灭火器 | | +4～+55 |
| 干粉灭火器 | 储气瓶式 | -10～+55 |
| | 储压式 | -20～+55 |
| 卤代烷灭火器 | | -20～+55 |
| 二氧化碳灭火器 | | -10～+55 |

### （十一）灭火器配置场所的计算单元

灭火器配置场所的计算单元，指将建筑中若干相邻且危险等级和火灾种类均相同的灭火器配置场所，作为一个总的灭火器配置场所进行灭火器配置设计计算的组合部分。其保护面积、保护距离和灭火器的配置数量等均按该计算单元所包括的总的灭火器配置场所考虑。

灭火器配置场所的计算单元应按下列规定划分：

（1）灭火器配置场所的危险等级和火灾种类均相同的相邻场所，可将一个楼层或一个防火分区作为一个计算单元；

（2）灭火器配置场所的危险等级或火灾种类不相同的场所，应分别作为一个计算单元。

**（十二）灭火器配置场所的保护面积**

灭火器配置场所的保护面积计算应符合下列规定：

（1）建筑工程按使用面积计算；

（2）可燃物露天堆垛，甲、乙、丙类液体储罐，可燃气体储罐按堆垛、储罐占地面积计算。

**（十三）灭火器配置场所所需的灭火级别计算**

灭火器配置场所所需的灭火级别应按下式计算：

$$Q=K\frac{S}{U}$$

式中 $Q$——灭火器配置场所的灭火级别，A 或 B；

$S$——灭火器配置场所的保护面积，$m^2$；

$U$——A 类火灾或 B 类火灾的灭火器配置场所相应危险等级的灭火器配置基准，$m^2/A$ 或 $m^2/B$；

$K$——修正系数，无消火栓和灭火系统的，$K=1.0$；设有消火栓的，$K=0.7$；设有灭火系统的，$K=0.5$；设有消火栓和灭火系统的或为可燃物露天堆垛，甲、乙、丙类液体储罐的，$K=0.3$。

地下建筑灭火器配置场所所需的灭火级别应按下式计算：

$$Q=1.3K\frac{S}{U}$$

灭火器配置场所每个设置点的灭火级别应按下式计算：

$$Q_e=\frac{Q}{N}$$

式中 $Q_e$——灭火器配置场所每个设置点的灭火级别，A 或 B；

$N$——灭火器配置场所中设置点的数量。

灭火器配置场所和设置点实际配置的所有灭火器的灭火级别均不得小于计算值。

**（十四）灭火器配置的设计计算程序**

灭火器配置的设计计算应按下述程序进行：

（1）确定灭火器配置场所的危险等级；

（2）确定各灭火器配置场所的火灾种类；

（3）划分灭火器配置场所的计算单元；

（4）测算各单元的保护面积；

（5）计算各单元所需灭火级别；

（6）确定各单元的灭火器设置点；

（7）计算每个灭火器设置点的灭火级别；

（8）确定每个设置点灭火器的类型、规格与数量；

（9）验算各设置点和各单元实际配置的所有灭火器的灭火级别；

（10）确定每具灭火器的设置方式和要求，在设计图上标明其类型、规格、数量与设置位置。

**（十五）灭火器的放置与管理**

（1）灭火器应设置稳固，其铭牌必须朝外。

（2）手提式灭火器宜设置在挂钩、托架上或灭火器箱内，其顶部离地面高度应小于 1.50m；底部离地面高度不宜小于 0.15m。

（3）灭火器不应设置在潮湿或强腐蚀性的地点，当必须设置时，应有相应的保护措施。设置在室外的灭火器，应有保护措施。

（4）灭火器不得设置在超出其使用温度范围的地点。

## 二、 背负式空呼、泡沫灭火多功能装置

该装置灭火原理是采用恒压气体驱动高效隔膜气泵，通过发泡装置搅拌后产生均匀的泡沫，喷射压力始终是恒压输出，流量和压力不发生变化，喷射距离达到 10m，超过所有同类型灭火器。

操作者使用喷射距离更远的灭火设备，更能保护自身安全。传统灭火器是储压结构，随着喷射时间的延长压力逐渐变小，喷

射距离变短，灭火能力下降明显，药剂剩余率高，使用效率低，并且喷射距离短也增加了操作者受火焰灼伤的危险。

类似的还有推车式空呼、泡沫灭火多功能应急装置。

# 第二节 消防炮

## 一、消防炮

消防炮是远距离扑救火灾的重要消防设备。

### （一）消防炮分类

1. 按照灭火剂分类

按照消防炮使用的灭火剂，消防炮分为消防水炮、消防泡沫炮、电动遥控水炮。

2. 按照使用状态分类

按照消防炮的使用状态，可将消防炮分为固定式与移动式两种。

### （二）消防炮的使用

1. 消防水炮

消防水炮是喷射水，远距离扑救一般固体物质的消防设备。消防水炮射程远，结构简单，性能稳定可靠，操作灵活，维修方便。炮身可做水平回转，俯仰转动，并能实现可靠定位锁紧，以利消防人员撤离现场，保护消防人员的人身安全。该炮可具有直流、开花两种喷射功能，当喷射直流水柱时，可实现远距离补救火灾；当喷射开花水雾时，可用于火场降温冷却，消防抢险。

2. 消防泡沫炮

消防泡沫炮是喷射空气泡沫，远距离扑救甲、乙、丙类液体火灾的消防设备。

3. 电动遥控水炮

电动遥控水炮，也叫远控消防水炮，是为了减少消防人员作业艰苦的危险而设计的消防设备，它可以远距离遥控操作水炮进行火灾扑救。

## 二、 遥控消防炮

遥控消防炮可以通过远程遥控进行灵活操作，并能长时间持续运行，极大地解放了救援人员，不仅提高了救援效率，而且，极大避免、减弱了救援人员可能受到的热辐射、毒气、冲击波等伤害，因此，被迅速广泛使用，成为当今引领世界潮流的先进火灾扑救装备。在石油化工领域得到越来越广泛的应用。

**（一）基本结构**

遥控消防炮系统由炮体、远程控制系统、消防专用供电系统、电控阀门及供水系统等组成。

炮体主要由底座、进水管、回转体、炮头、回转等机构组成。电动遥控消防水炮采用不锈钢材质，质量轻，结构紧凑，耐腐蚀强。

远程控制系统，主要包括现场手动控制、有线控制、无线控制、集中控制 4 种方式。现场手动控制是通过操作电动炮手轮进行控制，有线电动遥控是通过不锈钢控制箱电动按钮进行操作，无线遥控控制是通过在控制箱电动柜设无线接收器从而实现无线遥控操作，集中控制是通过集中控制室进行集中控制。

除集中控制方式外，其他都可以通过现场控制柜的操作面板进行操作(图 5-1)，很方便。现场控制柜安装在距离所控炮附近，要方便人员操作。现场控制柜设电源按钮，启动电源后，所控的消防炮自动转换为现场控制模式，现场控制柜可对所控消防炮的上下左右旋转，炮的启停，炮嘴的开花、直流进行调控，以及炮前电控阀门的开关控制。在现场控制柜里可根据需要安装现场遥控接收器。由无线遥控器对消防炮进行操作。无线遥控功能需通过现场控制柜的遥控按钮进行转换。

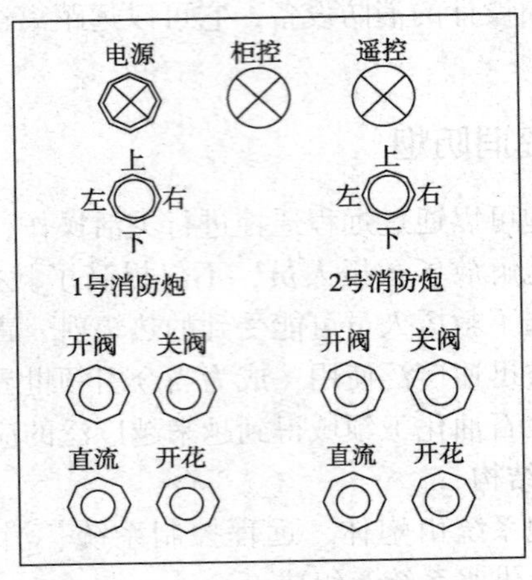


图 5-1　遥控炮操作面板示意图

专用供电系统。炮的回转、仰俯以及开花、直流操作用具有安全电压等级的、密封性能优良的直流电机作动力源，同时配备有手动旋转手轮，整体防水性能好，并配备有维护保养注油孔，具有较高的安全可靠性能。

供水系统可根据所保护的系统对象来选择：水炮灭火系统、泡沫炮灭火系统、泡沫-水两用炮灭火系统。

**(二) 主要功能**

该消防炮具有开花和直流两种喷射模式，可通过电控进行模式转换，也可通过手动转换，喷射直流时，可对火灾进行集中灭火；喷射开花时，可对火灾现场进行大范围的降温。

该消防炮射程远，操作简单灵活，实施水平和仰俯回转，可以达到不同的工作角度，并可实现电控开花、直流的无级调节，在不同压力下流量可调整到火场适宜现状的工作状态，起到更好的灭火、降温效果。并可实现定位，从而使得救援人员远离火场进行操作。

同时，该炮流量大，水流集中，射程远，可随时移动，与接收器配套使用实现远距离无线、有线控制完成流量调节、直流、喷雾，水平回转、俯仰转动动作。自动喷淋装置可以喷射水雾，以保护炮、电气、接收系统等，避免在高温下损坏。

可安装在消防车、大型库房、易燃易爆油灌区、油库、码头、石油化工装置等。

**（三）遥控消防炮安装**

消防炮的安装基座法兰尺寸按性能参数表的要求配对，基座法兰出水口应向上垂直于水平地面，并保持法兰水平，与炮体连接的供水管及支架承受力应能保证消防炮在喷射时得到稳固支撑。

**（四）遥控消防炮运行**

在消防炮启动前务必保证以下要求都已达到：

(1) 消防炮需牢固地连接在基础上。

(2) 管路需安装妥当。

(3) 电机调试成功。

检查手动操纵系统。消防炮的水平、仰俯的转动方向是否合乎要求，检查变流量、柱雾状转换动作是否合乎要求。

检查电动操纵系统。变流量转换电机动作是否合乎要求，设定消防炮的流量，启动系统；检查消防炮的水平、仰俯的电机转动方向是否合乎要求，检查柱雾状转换电机动作是否合乎要求(系统运行过程中如需转换流量可通过手动调节)。

**（五）停用**

关掉阀后将炮头打到俯角最低的位置，排空管路与消防炮中的余水，防止在霜冻情况下，管路与消防炮冻裂。应妥善地置于室内、干燥处保存。

**（六）注意事项**

(1) 轴承的润滑。滚子轴承在工厂里已填充了润滑脂，在试运行/启动前应检查轴承和脂的填充情况。应定期的检查润滑脂是否有异样，如有应及时更换；并定期向滚子轴承中加入润滑脂。

(2) 现场控制柜电器线路应完好无损，杜绝漏电。

(3) 遥控电缆应经常检查，保持完好，如有损坏，应及时更换。

## 第三节　消防车

消防车是消防队的主要装备。其用途是将灭火指战员及灭火剂、器材装备安全迅速地运到火场，以抢救人员，扑救火灾。不同种类的消防车各有其独特的用途。

### 一、 泵浦消防车

泵浦消防车装备消防水泵和其他消防器材及乘员座位，以便将消防人员输送到火场，利用水源直接进行扑救，也可用来向火场其他灭火喷射设备供水。国产泵浦消防车多数为吉普底盘和BJ130底盘改装，适用于有水源的道路狭窄的城市和乡镇。

### 二、 水罐消防车

水罐消防车，主要有驾驶室、消防员室、水罐、器材厢、水泵及管路系统、取力器装置、附加冷却装置、进水口、出水口等构成。

车上除了装备消防水泵及器材以外，还设有较大容量的储水罐及水枪、水炮等。可将水和消防人员输送至火场独立进行扑救火灾。它也可以从水源吸水直接进行扑救或向其他消防车和灭火喷射装置供水。在缺水地区也可作供水、输水用车，适合扑救一般性火灾，是公安消防队和企事业专职消防队常备的消防车辆。

### 三、 泡沫消防车

泡沫消防车一般也可分为低压泡沫消防车、中低压泡沫消防车和高低压泡沫消防车，其结构一般由相应的同类水罐消防车改装而成，加装的部分为泡沫比例混合器、泡沫混合管路、泡沫液罐等。

主要装备消防水泵、水罐、泡沫液罐、泡沫混合系统、泡沫枪、炮及其他消防器材，可以独立扑救火灾。特别适用于扑救石油及其产品等油类火灾，也可以向火场供水和泡沫混合液，是石油化工企业、输油码头、机场以及城市专业消防队必备的消防车辆。

其中，高倍泡沫消防车装备高倍数泡沫发生装置和消防水泵系统。可以迅速喷射发泡400~1000倍的大量高倍数空气泡沫，使燃烧物表面与空气隔绝，起到窒息和冷却作用，并能排除部分浓烟，适用于扑救地下室、仓库、船舶等封闭或半封闭建筑场所火灾，效果显著。

## 四、二氧化碳消防车

车上装备有二氧化碳灭火剂的高压储气钢瓶及其成套喷射装置，有的还设有消防水泵。主要用于扑救贵重设备、精密仪器、重要文物和图书档案等火灾，也可扑救一般物质火灾。

## 五、干粉消防车

干粉消防车一般也可分为储气瓶式干粉消防车和燃气式干粉消防车，通用汽车底盘上装备有干粉灭火剂罐、整套干粉喷射装置及其他消防器材，有的还装备有水罐和消防水泵。可扑救可燃和易燃液体、可燃气体火灾、带电设备火灾，也可以扑救一般物质的火灾。对于大型化工管道火灾，扑救效果尤为显著。是石油化工企业常备的消防车。

## 六、泡沫-干粉联用消防车

车上的装备和灭火剂是泡沫消防车和干粉消防车的组合，它既可以同时喷射不同的灭火剂，也可以单独使用。适用于扑救可燃气体、易燃液体、有机溶剂和电气设备以及一般物质火灾。

## 七、 云梯消防车

车上设有伸缩式云梯，可带有升降斗转台及灭火装置，供消防人员登高进行灭火和营救被困人员，适用于高层建筑火灾的扑救。

直臂云梯消防车是由汽车底盘和两节或多节梯组成。云梯上可带载人平台，它是一种全回转、直伸梯，采用液压传动或卷扬机钢索传动的一种先进的消防登高设备。

云梯消防车根据结构和举升高度的不同，又可分为不同形式的云梯消防车，如按是否带载人平台，可分为有载人平台云梯消防车和无载人平台消防车；按是否带消防泵，可分为带消防泵云梯消防车和无消防泵云梯消防车。

云梯的一切运动均为液压控制，由云梯车的发动机通过取力器驱动液压油泵，产生所需要的液压能。云梯车上分别装有一套或多套独立的液压系统，由 4 台液压泵控制，分别提供云梯的升、降和俯、仰、左右旋转，同时液压系统还可以供云梯的支腿升缩、调平及安全控制系统操作。这样就可以避免云梯车上各个操作系统在同时动作不发生互相干扰，还可以避免液压系统因温度过高而引起的油路故障。云梯车上还装有紧急情况下使用的手动操作云梯各项功能的装置。液压操作式云梯的优点是云梯设备几乎可以无级可变的运动，只需一人使用液压操作杆控制云梯车，各种运动方向均可安全、轻便完成。

云梯消防车是一种装备伸缩式云梯(可带有升降斗)、转台灭火装置的举高车，可供消防员登建筑物和构筑物上层，从着火建筑物和构筑物上层疏散贵重物资时当作天梯疏散人员使用。

直臂云梯消防车可用来通过安装在梯架顶端的固定式遥控炮或泡沫发生器喷射水流或空气机械泡沫扑救火灾。它能随指挥员的作战指令随意向每个角度喷射。

## 八、 举高喷射消防车

举高喷射消防车是由汽车底盘和两节或多节臂组成，臂的顶端单独或同时设有水炮（或水枪）和泡沫炮，在转台或地面上遥控操作。它是一种配有供水系统、泡沫系统，采用液压转动的高空喷射消防车。消防人员可在地面遥控操作臂架顶端的灭火喷射装置在空中向施救目标进行喷射扑救。

举高喷射消防车带有遥控喷射炮，遥控喷射炮位于上臂顶端分流管的中间，由中空轴支撑，靠液压马达实现一定角度范围内俯仰，分流管的底部装有回转节，依靠回转节，喷射炮作一定角度的左右摆头运动，这样能有效地控制较大面积火灾。

举高喷射消防车还配有一套高扬程高强度的水泵系统，它能将泡沫混合液或水提升到高空后，在任意角度和方向进行喷射。

近年来，我国有关厂商一直致力于大跨度举高喷射消防车的研究，取得了重大成果，在世界上处于领先水平。如某厂家生产的一款大跨度举高喷射消防车。向前，它臂展58m；向上，它的臂展有62m；而向下，它的臂展也有45m。这个神奇的长臂大家伙，还拥有80m的水炮射程，140m内都是它的有效灭火距离。而且不仅臂长，还十分灵活，6节全折叠臂架，犹如6个关节的长臂机械手，动作灵活，可任意调整每节臂架姿态，跨越各种障碍物，在水炮喷射的同时，臂架可做出任意姿态动作，让末端出水口最大限度地接近火源，真正实现“指哪打哪”，能够轻松到达火场核心，大大提高救援效率，彻底解决了消防人员难以靠近火场核心的传统难题。为了方便实时监控火场情况，臂架末端还配备有摄像装置，并随车配置有高清显示屏，为现场指挥人员及操作手提供灭火决策支持，实现最有效的灭火。同时具有48h视频连续存储功能，便于灾后分析。此外，还配备专用遥控器，可在150m范围内遥控操作，实现水泵和臂架所有动作，一个操作手即可完成所有消防灭火作业，保证了消防人员的人身安全。

## 九、 灭火导弹消防车

灭火导弹消防车具有集成化程度高和科技含量高等特点，具备“一键式”展开、撤守的便利功能；移动部署快、反应迅捷，救援途中可做好加电、自检等准备，到现场后3min即可展开救援。同时，利用机器人现场智能传输数据，通过激光、红外、可见光三光合一探测火源，发射转塔可以上下、左右转动，筒弹可以多角度旋转，最大仰角可达70°，24发联装灭火弹，根据火情既可单射也可多发连射，每颗弹内装有超细高效灭火剂，一枚灭火弹可以覆盖数十立方米空间，发射只需要1s。

该灭火导弹消防车既可以快速投入战斗，又可以远距离外实施灭火，发射高度范围达100~300m，抛射距离为1km，可大大减少现场救援人员的人身生命威胁，为应急救援赢得宝贵时间。

## 十、 冲锋消防车

该车采用承载式车身，高强度防砸钢板整体焊接而成，实现防砸、防爆、防撞的功能。

车身采用防火涂料和隔热内饰的夹层结构，防火轮胎，防火隔热玻璃，外漏管线进行包裹，且配备整车自动喷淋防护技术，可直接深入火场进行侦查和灭火。

采用越野车底盘标准设计，车前设计破障横梁结构，且配备高清障铲和高性能消防炮，可扫清障碍，迅速进入火场，实施灭火。某产品主要性能指标如下：

(1) 自带生命保障系统。

(2) 供氧系统：2人，1.5h。

(3) 整车智能化设计，对于特别危险的场合，采用遥控驾驶，实施遥控灭火。

(4) 最高车速130km/h。水炮最大喷射距离85m。

(5) 推铲最大推力4000N。

(6) 自喷淋防护时间：0.5h(根据自带水箱而定)。

(7) 生命保障系统工作时间：微正压系统(防护氨气、氯气、氯化氢、一氧化碳等)1h。

(8) 遥控距离：不小于1000m。

(9) 监测系统：视频监测、温度监测、气体监测、声光报警、信息传输等。

## 十一、通信指挥消防车

车上设有电台、电话、扩音等通信设备，是供火场指挥员指挥灭火、救援和通信联络的专勤消防车。

## 十二、照明消防车

车上主要装备发电和照明设备(发电机、固定升降照明塔和移动灯具)以及通信器材。为夜间灭火、救援工作提供照明，并兼作火场临时电源供通信、广播宣传和作破拆器具的动力。

## 十三、抢险救援消防车

车上装备各种消防救援器材、消防员特种防护设备、消防破拆工具及火源探测器，是担负抢险救援任务的专勤消防车。

## 十四、侦检消防车

车上装备有气体、液体、声响等探测器与分析仪器，也可根据用户要求装备电台、对讲机、录像机、录音机和开(闭)路电视。能够迅速进入现场开展侦检工作。

## 十五、路轨两用消防车

以某型号路轨两用消防车为例，从外观上看，路轨消防车跟普通的消防车没什么区别，但关键就在轮子旁边。路轨两用消防车可以在公路和轨道上使用，主要用于地铁、隧道的灭火和抢险救援。当火灾发生时，消防车直接开到地铁隧道，车底的四个轨道轮也开始起用，轮胎也能随车自动升起，可以自如地在轨道上行驶，时速达 40km 以上。

该车底盘，长 10m，宽 2.5m，路上高 3.2m，轨道上高 3.5m，配备 A 类泡沫混合系统，可以装载 5t 水和 500L 泡沫，设有遥控升降水炮和水喷淋自保护系统，前部装有外摄像仪，乘员室采用气动太空门，可以乘坐 6 名消防员、1 名司机。

这种路轨两用消防车很先进，能侦检上千种有毒气体。同时，配备了先进的破拆、灭火、侦检、救援等四大类消防装备，为地铁事故的处理提供了强有力的保障。车上配有 2 个 50L 大容量气瓶，可以供 7 个人使用 2h 以上；2 个 120m 长的快速灭火卷盘和 100 套进口逃生面罩，每个面罩可以供地铁被救援人员使用 15min。

在侦检方面，车上配备军事毒气侦检仪，能检测到地铁里糜烂、神经和血液等 4 大类上千种毒气，并及时向指挥中心传播毒气的含量、种类等，为指挥员提供准确数据。

## 十六、 消防智能机器人

距离是有效保证消防战斗人员生命安全的重要前提。1998 年，西安市某消防支队处置西安市某煤气公司煤气事故，7 名消防官兵在灭火过程中牺牲。因此，在扑救石油化工、气体泄漏而引起的爆燃等化学事故中，必须充分考虑，尽可能使公安消防部队远离火场中心，减少战斗伤亡。采用远距离遥控操作的消防机器人，可以从根本上保证消防人员的安全。

消防灭火智能机器人在功能上可以实现射水、泡沫灭火和附带器材功能，在性能上，基本具备消防车辆必需的性能要求：

(1) 具有一定的牵引力。

(2) 自转、转弯灵活；可原地掉头 360°。

(3) 可翻越一定坡度。

(4) 可使灭火剂具备消防车载水-泡沫炮的有效射程和流量。

(5) 具备装配一定消防器材的空间。如远程无线摄像机、气体侦检仪等。

## 十七、智能遥控消防车

智能遥控消防车具有自动点火、熄火、换挡、加减油门、转向、刹车、照明等功能。水炮控制具有水炮发动机自动点火、熄火、加减油门，炮身自动仰、俯、左、右转动角度，水炮射水自动开关，车身设有自我保护的自动喷淋开关等功能。此外，车上还装有一部主摄像机和两部辅助摄像机，摄像机系统实现了主摄像机云台自动仰、俯、左、右移动，自动变焦变倍。三部摄像机主要用于摄录火场情况、路面情况和水炮射水情况。操作人员在500m内手持遥控器就可以操纵车辆行驶和射水。智能遥控消防车主要用于扑救危险性大、灭火人员难以靠近的大型复杂的石油、化工、化学危险品等易燃易爆、有毒有害液体气体火灾。

## 十八、消防摩托车

消防摩托车的种类包括两轮摩托和三轮摩托两种类型，主要特点是机动性强，适用范围广。一旦胡同、狭窄厂区、公路等交通不便厂所出现火灾，消防摩托车可迅速到达事故现场，及时进行灭火抢险。

消防摩托车上的装备各不相同。有的可装载泡沫灭火设备，泡沫射程可达到11~12m，可一次性控制并扑灭40m$^2$左右失火区域。有的配有脉冲气压喷雾水枪、两个共可储存40L清水的储水罐以及一个高压气瓶。消防队员能在1s内打开阀门，瞬间喷射出高速细水雾。有的则直接配备多种手提式灭火器。

## 十九、排烟消防车

车上装备风机、导风管，用于火场排烟或强制通风，以便使消防队员进入着火建筑物内进行灭火和营救工作。特别适宜于扑救地下建筑和仓库等场所火灾时使用。

## 二十、供水消防车

它的特点是装有大容量的储水罐，还配有消防水泵系统，用它作为火场供水的后援车辆，特别适用于干旱缺水地区。它也具有一般水罐消防车的功能。

## 二十一、供液消防车

车上的主要装备是泡沫液罐及泡沫液泵装置。是专给火场输送补给泡沫液的后援车辆。

## 二十二、抛沙车

抛沙车主要用于油库、输油管道的溢油救援，及时阻止外泄，扑灭初期火灾，避免事故进一步扩大。也可以用于固态、液态危险化学品或轻金属初期火灾扑救。

抛沙车采用履带底盘，具有机动性能强，体积小，重心低，通过性高，防爆和隔爆等功能，满足公路运输要求；遥控作业，配备油、气浓度检测装备，耐高温；配备夜间作业照明灯，方便夜间作业；功能多样化，具有起吊功能、牵引功能和向外提供液压动力源功能，在不作为抛沙车使用时可以使用其他辅助功能。高速抛沙距离可达25m，一次抛送能力根据料斗容积而定。

## 二十三、器材消防车

用于将消防吸水管、消防水带、接口、破拆工具、救生器材等各类消防器材及配件运送到火场。

## 二十四、救护消防车

车上装备担架、氧气呼吸器等医疗用品、急救设备，用来救护和运送火场伤亡人员。

# 第四节 辅助灭火装备

## 一、消防栓

消防栓是用来连接消防水网与消防水龙带的固定式供水接口。在消防栓上可直接连接消防水带通过消防水枪灭火，也可通过连接消防水带为消防车补给消防水，这是消防栓的两个主要功能。

传统的消防栓，就是地下一端与消防管网连接，另一端装设规格不一的活接口，并加盖端盖护好接口。一般不防撞，不能带压维修。

现在最先进的是二段释压开启防撞调压型消防栓。该型是引进技术，保留了国外同类产品的优点，并对其中关键部分进行了改进，更具有实用性，并获国家专利的新产品。其性能优于一般传统消防栓，传统式的消防栓如在保压 1.0MPa，紧急使用时，以双手开启，不易打开，甚至将开关把手扭裂。该产品在任何情况下能灵活快速启闭，同时节省消防栓前面的阀门。消防栓如被撞断后立即止水，不影响同管线其他消防栓的正常使用，并可立即修复损坏的配件。该消防栓还带调压装置，可自由调节压力。出口处带有球阀，方便紧急时快速连接消防带，可带压维修。

## 二、消防泵

### （一）消防泵分类

1. 根据工作压力分类

根据工作压力可分为低压、中低压、高低压消防泵。

2. 根据工作原理分类

根据工作原理可分为离心泵、水环泵、串并联消防泵、多级串联式消防泵。

3. 根据使用状态分类

根据使用状态可分为固定消防泵、手抬机动消防泵；卧式消防泵、立式消防泵等。

4. 根据动力提供方式分类

根据动力提供方式可分为柴油机消防泵、汽油机消防泵、电动消防泵。

5. 根据具体使用功能分类

根据具体使用功能，可分为供水泵、泡沫泵、喷淋泵、稳压泵等。

**(二) 消防泵功能**

可供输送不含固体颗粒的清水及物理化学性质类似于水的液体之用。主要用于消防系统增压送水，也可应用于厂矿给排水。

## 三、 消防照明

消防照明，是在夜晚、室内、井下等黑暗场所灭火抢险使用。

消防照明，包括普通照明工具与防爆照明工具两大类。其中，防爆照明工具因不同的使用场所有很多特殊的要求。石油化工、煤炭等生产，从生产原料、中间产品到成品以及作业环境，一般都有易燃易爆物，这一特性决定了在石油化工、煤炭等生产事故应急救援工作中，必须使用防爆灯具。

**(一) 防爆灯具分类**

防爆灯具种类很多，具体有以下几种类型：

1. 按设置方式分类

按设置方式分，可分为固定式应急工作灯，便携式工作灯。

固定式应急工作灯又可分为防爆马路灯、防爆平台灯、防爆警示灯、防爆视孔灯、防爆障碍灯、防爆行灯、防爆吸顶灯等。

便携式工作灯，有手提灯、手电筒等种类。

2. 按防爆型式分类

按防爆型式分，可分为隔爆型“d”、增安型“e”、本质安全型“i”、正压型“p”、充油型“o”、充砂型“q”、无火花型“n”、浇封型“m”、气密型“h”、特殊型“s”、粉尘防爆型“DIP”。

3. 按灯泡充装介质分类

按灯泡充装介质分，可分为防爆白炽灯、防爆汞灯、防爆钠灯等。

4. 按照功能分类

按照功能分，可分为防爆式、防爆防腐式、防水防爆防腐式、防触电防爆多功能式等。

**（二）防爆灯具的结构**

防爆照明灯具，外壳一般为塑料外壳、铸铝金外壳，铸铝金外壳因其抗腐蚀老化性强，洁净美观，因此越来越广泛地运用。

供电电源有多种方式：一是内装免维护镍镉电池组，在充电完成后能提供数小时到十几小时的照明，在有220V交流电的情况下，也可通过变压器进行持续供电；二是普通电池供电，这种情况下，供电时间往往较短；三是自备发电机供电。

外接线，一般有两种方式：一是穿钢管布线；二是电缆布线。

灯泡，有多种充装介质，如汞、钠等。

**（三）防爆灯具的选择**

1. 对危险场所进行危险性分类

对危险场所进行危险性分类，是选用防爆灯具及其他防爆电气的第一步。只有对危险场所进行了危险性分类，才能根据危险性类别选择相应的防爆照明灯具及相关防爆电气设备。

（1）危险场所分类的目的

危险场所分类是对可能出现爆炸性气体环境的场所进行分析

和分类的方法。场所分类的目的，是为了使用于该类爆炸危险场所的防爆电气设备的选型和安装具有足够的安全性和良好的经济性。因为在使用可燃性物质的危险场所，要保证爆炸性气体环境永不出现是困难的。同样，要确保使用于危险场所的电气设备永不成为点燃源也是困难的。因此，危险性大的场所(即出现爆炸性气体环境可能性大的场所)应选择安全性能高的防爆电气设备类型。反之，对于危险稍小的场所(即出现爆炸性气体环境可能性稍小的场所)，可选择安全性稍低(但仍具有足够安全性)、价格相对便宜的防爆电气设备类型。

(2) 危险场所分类工作的主要内容

危险场所分类工作主要有两方面的内容：

一是根据爆炸性气体环境出现的频率和持续时间把危险场所分为三个区域：

0 区：爆炸性气体环境连续出现或长时间存在的场所；

1 区：在正常运行时，可能出现爆炸性气体环境的场所；

2 区：在正常运行时，不可能出现爆炸性气体环境，如果出现也是偶尔发生，并且仅是短时间存在的场所。

二是确定危险场所存在的数量和范围。因为仅仅确定某处危险场所的区域类别还不够，还必须确定这类危险场所在设备内部和周围存在的数量，而且要确定每类危险场所的空间范围，也就是说要对场所的空间范围进行准确的定量。

(3) 危险场所分类的方法

危险场所分类方法的核心问题是对场所中可能出现爆炸性气体环境基本概率的分析，这需要有经验的专业人员的研究和参与，同时，要积累和收集场所中每台设备的运行状况和场所环境因素等资料。因此，场所分类应由熟悉可燃性物质性能、设备和工艺状况的专业人员与从事安全、电气及其他相关工程技术人员讨论确定。

具体方法如下：

一是查找和确定释放源。

场所中存在可燃性气体或蒸气才有可能形成爆炸性气体环境。因此，首先必须查找场所中的含有可燃性物质的储存设备、加工设备或输送管道是否可能向场所中释放出可燃性气体或蒸气，或者空气是否可能进入容器内与可燃性气体或蒸气混合形成爆炸性混合物。

每一台设备（例如储罐、管道、泵、压缩机等），如果其内部含有可燃性物质，就应该被视为潜在的释放源。如果它们不可能含有可燃性物质，那么很明显它们的周围就不会形成爆炸性混合物。如果该类设备虽含有可燃性物质，但不可能逸出或泄漏到场所中，则可以不视为释放源（例如设置于某一空间的无接缝的管道）。

如果已确认设备会向场所中释放可燃性物质，则应先确定释放频率和持续时间，并据此确定释放源的等级。

连续级释放源：连续释放或预计长期释放的释放源。如，固定顶的油罐上部空间和排气口；敞开的可燃性液体容器的液面附近处等，均应视为连续级释放源。

1 级释放源：在正常运行时，预计可能周期性或偶尔释放的释放源。如，正常运行时，预计会向周围场所释放可燃性物质的泵、压缩机或阀门的密封处；含有可燃性液体的容器上的排水口处；正常运行时，预计可燃性物质可能释放到周围场所中的取样点；正常运行时，预计会释放可燃性物质的泄压阀、排气孔或其他开孔等均应视为 1 级释放源。

2 级释放源：在正常运行时，预计不可能释放，如果释放也仅是偶尔和短期释放的释放源。如，正常运行时，不可能泄漏的压缩机或阀门的密封处；正常运行时，不可能泄漏的法兰、连接件或管道接头；正常运行时，不可能向周围场所释放可燃性物质的取样点等均应视为 2 级释放源。

二是确定危险场所的危险类型。

划分危险场所的区域类型主要依据场所中的释放源等级和通风条件。

一般来说，连续级释放源形成0区危险场所；1级释放源形成1区危险场所；2级释放源形成2区危险场所。

同时应根据通风条件确定区域划分。如通风良好时，可降低危险场所的区域类别。反之，如通风不良时，可提高危险场所的区域类别。这是因为释放到周围场所中的可燃性气体或蒸气，会借助于通风形成的空气流动或扩散，使其浓度稀释至爆炸下限以下。

三是确定危险场所的区域范围。

影响危险场所区域范围的有可燃性气体或蒸气的释放速率、气体的爆炸下限、相对密度、通风条件等诸多因素，因此要对它们的影响综合分析后，确定危险场所的区域范围。

危险场所分类确定了，就可以明确选择相应的防爆灯具了。

2. 分析工作环境的其他主要危险素

对易燃易爆工作环境进行其他危险因素分析，主要包括腐蚀性、潮湿性、打击性等，根据这些因素，可以选择相应的复合功能的灯具。

3. 考察相关产品的价格

同类进口产品，往往价格较贵，而其性能并不优于国内一些知名同类产品，而国内同类产品，往往质量参差不齐，价格也差别很大。因此，应进行综合比较确定。一般而言，国内的知名产品已经完全能够满足要求。

**(四) 防爆灯具的安装**

不同的防爆灯具，有不同的安装要求，因此，应严格按照说明书的安装要求，进行规范安装，对一些外壳接地、安装牢固等要求，必须切实做到。如若不然，防爆灯具，可能无益有害。

**(五) 防爆灯具使用安全注意事项**

(1) 严禁带电拆开灯具。

(2) 安装和维护灯具时，必须切断电源。

（3）使用时，灯具表面有一定温升，属正常现象，透明件中心温度较高，不得触摸。

（4）必须使用相应产品专门配备的镇流器。

（5）灯头壳内装有减震泡沫，第一次安装使用时务必取出。

（6）更换灯泡时，应使用同一型号的灯泡。

（7）携带或运输包装时，必须将开关锁定，以防在运输途中开关误动。

（8）经常检查并保证灯头壳与套筒体之间结合紧密，以增强防水、防爆和抗冲击的能力。

（9）在腐蚀性环境或海水中使用后应将电筒表面擦拭干净。

（10）更换灯泡、擦拭玻璃时，必须将灯具电源关断并待灯具冷却后进行。

（11）电筒出现故障时，必须交由专业人员进行维护。

## 四、 三项射流水枪

三项射流水防炮采用双单元手持式水枪枪体，整合泡沫与水溶液持续在泡沫、水射流中心处喷洒干粉，此技术特性在传统水枪中无法实现。泡沫、水射流可调节为全雾至直流，并设置冲洗功能。水、泡沫与干粉操作均设置独立流量阀，最大射程（水、泡沫联用，三相联用）近百米。控制方式有遥控、手动、液压三种方式。

## 五、 排烟装备

### （一）水驱动排烟机

1. 水驱动排烟机的功能

水驱动排烟机是利用高压水作动力，驱动水动机运转，带动风扇排烟，具有防爆功能，质量轻，移动方便。每小时排烟量可达数万立方米。

2. 水驱动排烟机的使用与维护

水驱动排烟机适用于有进风和出风的火场建筑物，利用排烟机的正压把新鲜空气通过建筑物进风口吹进建筑物内，把烟雾从建筑物内吹出，清除火场烟雾，使消防员能够进入建筑物内的火场进行灭火。根据需要可以调节风扇的出风口的角度和风扇的转速。

水驱动排烟机使用后，要清除进水口及护罩上的污垢，开启轮机底部的排水阀排水，关闭控制阀。

经常检查叶片、护罩、螺栓、风扇覆环有无破裂，若有破损，及时更换。

**(二) 机动排烟机**

机动排烟机适用于密封式建筑，如仓库、地下商场、KTV、桑拿室等或火场内部浓烟区。

机动排烟机应保持机体清洁，对紧固件经常进行检查，确保安全好用。

## 六、 破拆工具

破拆器具是消防人员在灭火或救人时强行开启门窗、切割结构物或拆毁建筑物，开辟灭火救援通道，清除阴燃余火及清理火场时的常用装备。根据驱动方式的不同，现有的破拆器具可分为手动、机动、液压、气动、化学动力等不同种类，且每一种破拆器具都有其相应的适用对象和范围。

**(一) 机动破拆器具**

机动破拆器具由发动机和切割刀具组成，它主要包括手提式动力锯、机动链锯、双轮异向切割锯等器具。

1. 手提式动力锯

(1) 功能

手提式动力锯可以切割木材、塑料、金属材料、薄型金属板材及复合材料。适用于汽车、火车、飞机、船舶等交通工具的抢险操作，适用于建筑门窗、金属框架等灾害现场救援。

（2）工作原理

锯片每个刀头在高速运动中通过冲击，刮切及摩擦将被切割物体接触部位削去一层。锯片上多个刀头连续作用，迅速在被切物体上切割出一条缝。同时冲击，刮切及摩擦使刀头与被切物体之间产生很大的相互作用力。刀头与被切物体之间产生的相互作用力的绝大部分通过锯片、轴、壳体和手柄传递给动力锯操作者的手。因此动力锯操作者切割物体时必须慎重，否则容易出现事故。

（3）使用安全注意事项

① 未经培训人员不得使用动力锯。

② 使用动力锯，必须佩戴合乎安全规定的防护用具。

③ 使用动力锯时，近处不得有闲杂人员。

④ 使用动力锯前，检查锯片有无破损和异常松动零件。

⑤ 动力锯启动和工作时，工具及场地不得有洒落的燃油。

2. 机动链锯

（1）基本功能

机动链锯由轻型汽油发动机、链锯条、导板以及锯把等组成的带状切割器。发动机输出的动力通过离合器传给锯切机构，根据锯链上的刀片类型不同，机动链锯可分为非金属材料切割型和混凝土材料切割型。

机动链锯使用的轻型汽油发动机为单缸、二冲程、风冷式。锯切机构由导板、导轮、锯链等组成，是链锯的切割部分。锯切时启动发动机，发动机输出的动力通过离合器传给锯切机构。离合器的碟合链轮带动锯链沿导板、导轮运动，锯链则沿片状导板内的导槽作高速环状移动，从而使其上的切齿锯切木材等物。

（2）工作原理

以二冲程发动机为动力，通过发动机上旋转的马达带动锯齿形链条沿导板快速滑动，起到锯条的作用。

(3) 使用安全注意事项

① 严禁单手操作，必须双手操作，牢固把握前后手柄。砍伐切割时应加满油门。

② 完成切割后应立即降低转速到怠速(长时间高速无负载工作会导致发动机严重损坏)。

③ 工作时必须穿戴符合安全规定的安全防护装备。

④ 工作前必须检查并确定工具上安保装置处于正常状态。

⑤ 链锯仅用于木材切割，使用推荐配置的导板链条组合，严禁使用有故障的链锯。

⑥ 确保工作场地附近无他人、动物或其他可能干扰工作的障碍物。

⑦ 禁止在多雾、暴雨、强风、严寒等恶劣条件下工作。

3. 双轮异向切割锯(又称电动双向锯)

(1) 基本功能

由轻型汽油机或电动机、动力传输机构、盘形切割刃组成，切割刃为两副，反向旋转切割，可轻松地切割各种混合材料，包括钢材、铜材、铝型材、木材、塑料、电缆等。整个切割过程无反冲力，且被切割物无毛边产生，也不会因摩擦生热而导致切割物表面产生氧化层。

该机广泛应用于消防救灾、应急抢险、公路事故救援、电力电信施工、民用建筑拆卸工作等各种施工现场。

1900r/min 适合切割较硬材料(一般硬度不高于 HB250)，如：钢材、钢管、电缆等。

2900r/min 适合切割低硬度材料，如：铝材(使用润滑油)、木材、墙板、塑料材料等。

(2) 工作原理

传统理念上的所谓切割，实际上是用硬的物质来磨削软的材料，所以会产生大量的热量、冲击、振动、形变等，切割速度慢。双向切割锯机，其原理是同一台机器上安装了两张相同直径的锯片，两张锯片以相同的速度反方向旋转，就像剪刀一样可以在任何角度、任何方向工作。切割速度非常快。

(3) 使用安全注意事项

① 锯机启动时，检查锯片固定是否可靠。

② 锯机启动后，只有当听到锯机的声音平稳没有波动时，才可以进行切割。

③ 严禁超负荷使用。

④ 穿着紧凑，必需使用防护眼镜。

⑤ 不使用时或更换部件时一定要切断双向锯的电源。

⑥ 接入电源必须有接地线。

**(二) 液压破拆器具**

液压破拆器具根据用途不同可分为扩张器、剪切器、顶杆、开门器等，其动力源有机动泵和手动泵，附件有液压油管卷盘等。液压破拆器具是使用频率较高的破拆器具，可广泛应用于火灾及交通事故现场的营救工作。

1. 液压剪切器具

用于事故救援中剪断门框、汽车框架结构或非金属结构，以救助被夹持或被锁于危险环境中的受害者。

(1) 主要结构

液压剪切器主要由剪切刀片、中心锁轴锁头、双向液压锁、手控换向阀及手轮、工作油缸、油缸盖、高压软管及操作手柄等部件构成。

(2) 操作程序

① 连接剪切器与油泵。

② 初次使用先转动换向手轮，另一操作者操作油泵供油，先使剪断器空载往复几次，排出油缸内空气，并充满油。

③ 被剪材料尽量靠近剪刀根部。

④ 转动换向阀可控制剪刀开合。

⑤ 工作完毕，使剪切器反向运行一小段距离，以放掉高压油。

⑥ 使用完毕，剪刀口呈微开形状，卸掉高压油管，盖好防尘盖。

2. 液压扩张器具

液压扩张器是液压驱动的破拆器具，在发生事故时，具有扩张和牵拉功能，用于分离开金属和非金属结构、支起重物等。

扩张、挤压和牵拉操作：

(1) 操作人员应一手持主把手，另一手持手柄并以拇指和食指操作摆动式开关进行扩张。

(2) 按标识向右(张开)或左(闭合)转动摆动式开关时，扩张器分别进行扩张或闭合动作。无论处于右位或左位，当松开摆动式开关时，它均能自动回弹至中位。此时，机动泵输出的液压油不流向扩张器油缸，扩张臂既不扩张，也不闭合，处于自锁状态。

(3) 扩张：闭合扩张臂，将并拢的扩张尖头插入扩张间隙，进行扩张工作。如果间隙太小，应先插入一个扩张尖头，闭合扩张臂，夹扁物体一侧，使间隙加大，再插入并拢的扩张尖头进行扩张。扩张尖头上的锯形齿用于防滑，圆弧部分用于扩张分离棒管型材。

(4) 挤压：扩张尖头闭合时可夹扁封堵油、气、水管等。

(5) 牵拉：将扩张器平放张开，两根链条的搭扣分别固定在扩张尖头的两个孔上，链条另一侧缠绕须牵引的物体，闭合扩张臂进行牵拉动作。

(6) 工作完成后，将扩张臂略微张开，以免油缸中有高压油。

3. 液压顶撑杆

液压顶杆用于支起重物，支撑力及支撑距离比扩张器大，但支撑对象空间应大于顶杆的闭合距离。

(1) 主要结构

液压顶杆主要由撑顶头、活塞杆、摆动式开关、手柄、工作油缸、液压软管、带锁快速接头及底座等部件构成。

(2) 扩张撑顶操作

① 操作人员应持手柄并以拇指和食指操作摆动式开关进行撑顶。

② 按标识向右(张开)或左(闭合)转动摆动式开关时，救援顶杆分别进行扩张或闭合动作。无论处于右位或左位，当松开摆动式开关时，它均能自动回弹至中位。此时，机动泵输出的液压油不流向救援顶杆油缸，活塞杆既不扩张，也不闭合，处于自锁状态。

③ 将救援顶杆张开到适当长度，放入被撑顶部位，进行撑顶工作。

④ 撑顶工作完成后，将活塞杆置于略张位，以免油缸中有高压油。

4. 手动液压泵

(1) 主要结构。

手动液压泵主要由高压泵、低压泵、出油单向阀、安全阀、低压限压阀、滤油器、油箱壳、回油单向阀、出油管接头、回油管接头、手控卸压开关、锁钩、手压柄等组成。

(2) 操作使用

① 检查油箱液压油面，其高度不得低于油箱高度的2/3。

② 松开油箱盖上的通气孔，使油箱与大气相通。

③ 连接液压动力器具的油管，检查系统外部各部分是否有松动、破损等异常现象，确认正常后即可操作(正常保养下可免此项)。

④ 关闭手控卸压开关。

⑤ 打开锁钩，上下均匀摇动手柄，油泵即安负载大小提供所需压力。

⑥ 工作完毕后，首先缓慢松开手控卸压阀，然后将油泵与配套工具脱开。

⑦ 将油箱盖拧紧。

⑧ 用锁钩将手柄锁紧。

⑨ 操作过程应防尘、除尘。

5. 机动液压泵

(1) 主要结构

机动液压泵主要由汽油发动机、液压柱塞泵、滤清器、吸油阀、低压限压阀、手控卸压开关、高压出油口、低压回油口、液压油箱、油门开关、放油堵等组成。

(2) 操作使用

① 将机动泵放置在接近水平的平面上，工作状态下倾斜角不大于15°，非工作状态下倾斜角不大于30°。

② 检查油箱液压油面，其高度不得低于量油刻度尺的1/2。

③ 逆时针松开手控卸压阀(卸油位置)。

④ 按汽油发动机说明，检查并启动汽油机。汽油机油箱内加满油时，可供液压泵连续工作0.5h。需长时间作业时，应准备备用汽油。

⑤ 启动汽油机后先将油门置于中小负荷位置，确认已将配套液压动力工具连接好后，方可顺时针旋紧手控卸压阀(工作位置)。根据情况需要调整发动机油门位置，一般不应超过75%的负荷开度，转速一般不超过3000r/min。

⑥ 工作完毕后，首先将发动机油门置于小负荷位置或关闭位置，然后逆时针旋松手控卸压阀卸压，再将动力工具与泵脱开。

6. 液压器具维护保养

(1) 液压器具应由专人操作及维护，必须经过培训上岗。

(2) 系统各铅封部分不允许随意松动和调整，以免发生危险。除操作部位外，其他液压部件的调整与维修，应由专业人员在严格清洁的环境中进行。

(3) 工作液应选用规定的液压油，不允许用其他工作介质替代。

（4）系统工作环境温度范围为-20~50℃。

（5）连接软管为专用高压软管，其爆破压力不低于2倍的工作压力。

（6）使用液压软管时弯曲半径应大于200mm，严禁骤然折弯以免损坏软管。

（7）非工作状态下快速接头上应装上防尘帽，接头的连接和分离必须在液压管内无压状态下进行，以免发生危险。

（8）暴露在外的系统连接部和运动件应注意清洁。

（9）运输和使用过程中应防止外界剧烈碰撞和冲击。

（10）不使用时应将各部分脱开，并保存在干燥和温度适宜的环境。

（11）每星期宜至少使机动泵空载工作2次，每次持续时间3~5min，以确保其工作可靠性。

（12）整个系统宜每2年进行一次大的保养，更换系统所有的密封胶圈，以防其老化影响工作。

**（三）气动破拆器具**

1. 气动切割刀（空气锯）

气动切割刀（空气锯）由切割刀具和供气装置构成，以压缩空气为动力，以条形刀具往复运动的形式可用于切割金属和非金属薄壁、玻璃等，多用于交通事故救援中。

割刀每次使用后要涂润滑油，刀具每使用3次，须仔细检查，做好维护保养。

2. 气动破门枪

消防专用气动破门枪是和专业厂家合作，将成熟的气动工具技术应用消防救援领域的一次成功的尝试，与无齿锯配合，破拆防盗门的速度显著提高，最快可在1.5min内打开防盗门，同时又可以用于汽车事故救援中快速切割金属薄板，配多种刀头，可用于拆墙、破拆水泥结构等多种功能，随着新型的破拆工具如双轮异向切割锯、等离子切割机、撑顶、扩张、剪切器材等逐步配置到部队，该产品只是作为一种辅助性器材使用。

（1）主要结构

消防专用气动破门枪主要由枪体、刀头、气管、减压阀、压力表、钢瓶等部件组成。

（2）性能特点

① 体积小、质量轻，使用轻便。

② 使用压缩空气，与现有空呼器钢瓶配合使用。

③ 刀头可换，适用面广。

④ 操作维护简单方便。

（3）操作使用

① 将带减压阀的高压气管快连插头连接到破门枪上，减压阀连接到高压空呼气瓶上，拧紧。

② 选择适合的破拆枪头插入气枪体头部套内。

③ 打开气源。

④ 将气枪头抵住破拆对象，并选择适合的角度进行工作。

⑤ 气枪拆装。

使用完毕，先关闭气源，对准固定物或工作对象按下气门开关，确认气压消失后，将枪体从高压气管上拔下（向后握住快速插座向后按即可）。

握住枪体头部钢套，向下按压，则控制枪头的弹簧缩回，枪头即可轻松取下。

安装枪头时先握住枪体头部向下按压，插入适宜的破拆头松开即可。

（4）使用注意事项

① 空呼气瓶的压力低于 0.63MPa 时，破门枪将停止工作，因此要选择适合的使用角度与正确熟练的使用方法，以减少气压消耗，最好选用大容量的足压气瓶。

② 严禁在未插入破拆枪头抵住破拆对象前开机空打，以免损坏枪体或枪头打出造成人员伤害。

③ 作业时枪头对准方向不准有人，必要时应加屏障防护。

④ 请佩戴防护镜与带面屏的头盔作业，保护眼睛及面部不受飞溅渣滓的撞击。

⑤ 使用前请对照使用说明书及操作光碟仔细学习，并进行训练。

⑥ 保持机体清洁及防潮防腐蚀。

⑦ 发生故障时请不要擅自打开，送交修理部门及与供应商联系。

（5）存储

放置于干燥无污染及腐蚀性气体处存放，用毕进行清洁处理并用硅油擦拭，专人保管。

**（四）化学破拆器具**

1. 丙烷切割器

丙烷切割器主要由丙烷气瓶、氧气瓶、减压器、丙烷气管、氧气管、割矩等组成。用于切割低碳钢、低合金钢构件等。

点燃丙烷对切割物预热，接着按下快风门，高压高速氧单独喷出，使金属氧化并吹走。

切割条件：

（1）切割部分局部达到氧化温度。

（2）氧化物熔点要比金属母材熔点低。

（3）氧化物流动性好。

2. 氧气切割器

由氧气瓶、气压表、电池、焊条、切割枪、防护眼镜和手套等组成，具有体积小、质量轻、快捷安全和低噪声的特点。焊条在纯氧中燃烧，能熔化大部分物质，对生铁、不锈钢、混凝土、花岗石、镍、钛及铝同时有效。

3. 便携式无燃气快速切割器

便携式无燃气快速切割器主要用于消防、公安、特种部队、石油和天然气输送管道等部门。在火灾现场、野外作业、水下切割或其他紧急而又无电源、无可燃气体(如乙炔等)情况下，采用便携式无燃气快速切割器，小巧轻便(总重12kg左右)，便于携带。可快速切割、拆卸钢结构障碍物。如破卸钢窗、铁门、钢栅栏、钢丝网；切割锁销、飞机和舰船仓壁、火车和汽车车厢、石油和天然气输送管道等。

(1) 结构组成

无燃气快速切割器由高压氧气瓶、减压阀、蓄电池、切割枪、气割条、导电线、输气管及背架组成。

(2) 工作原理

切割器将气割条经蓄电池通电短路产生高温，由氧气助燃，使气割条燃烧形成高温、高压火焰，被切割金属物体在高温火焰和高速氧气的作用下，加温至燃点而燃烧，燃烧后产生的液态残渣被高压气流冲出，燃烧产生燃烧热，又加热下面新的金属至燃点，又燃烧……直至金属物体被完全切断。

(3) 操作使用

① 切割准备。先检查设备是否完好，并接好气路、蓄电池电路，调整好减压阀上氧气压力至0.3~0.6MPa。

② 点火。戴上防护镜，手握切割枪，另一电极板碰击短路而点燃火焰。

③ 切割。将点火后的气割条末端迅速移往待切割物体，距物体表面2~3mm处，进行切割。

④ 停机。切割完毕后，将压住扳机的食指移开即可关闭氧气，气割条熄火停止切割。然后解下背架，关闭氧气阀门。

⑤ 氧气灌装。氧气基本用完后要及时到氧气站充灌氧气(充灌氧气前，氧气瓶内气压不少于2~3MPa)，以备用。充灌氧不能超过15MPa。

⑥ 蓄电池充电。蓄电池基本放完电后要及时充电以备用。

(4) 使用注意事项

① 在使用或搬运切割器时应注意轻装轻卸，特别是氧气瓶

严禁强力冲击。

② 防止蓄电池摔落。

③ 气阀、输气管等氧气通道严禁沾染油脂，一旦沾染，要立即做去脂处理；要严格检查高压输气软管，如有严重碰伤折裂时，要及时更换。

④ 切割器要定期检测，特别是氧气瓶，要定期到压力容器检验部门检验其强度和气密性，以保证切割器在使用操作时的安全。

⑤ 切割器使用后，要关闭氧气瓶阀门，卸下减压阀。

⑥ 切割器各连接处，要检查其密封性，不得渗漏。

⑦ 要保持电线各连接端的清洁，以保证良好的导电性。

## 七、 逃生装备

### （一）接跳救生气垫

接跳救生气垫是一种高空逃生的接跳救生设备，即在地面上铺开气垫，充气后，供高处人员跳下，通过缓冲软着陆，保护逃生者的安全。

1. 救生气垫种类。

救生气垫种主要有风扇型救生气垫、气瓶气柱式救生气垫两类。

(1) 风扇型救生气垫主要由排烟机、充气垫等组成。充气垫由缓冲包、安全排气口，充气内垫等组成。

(2) 气瓶气柱式救生气垫主要由复合气瓶、排气阀、安全排气阀、连接充气软管、气柱、气柱外套等组成。

2. 救生气垫基本构成与性能

(1) 采用具有阻燃性能的高强纤维材料制成，具有阻燃，耐磨，耐老化，折叠方便，缓冲性好，拆卸简单，使用寿命长等特点。

(2) 顶面中央部位设有反光安全警戒标志布，使逃生者在高处易于看准目标。

(3) 救生气垫的四周设计有提手，方便提起移动，以便对准获救者。

(4) 充气时间短，缓冲效果显著，操作方便，使用安全可靠。

(5) 适用接救高度一般为20m左右。

**(二) 柔性救生滑道**

柔性救生滑道是一种优良的高处火灾逃生设备。

1. 柔性救生滑道分类

柔性救生滑道品种齐全，有固定式、组合式、便携式、多入口共用式，以及儿童专用柔性救生滑道。

2. 柔性救生滑道基本结构与功能

(1) 带有特殊阻尼套的长条型通道式结构，下落速度平缓、可调，使逃生者下跳的恐惧心理大为减少。

(2) 采用最新多功能防火布做成的防火套，最高耐温600℃，具有良好的抗热辐射性能，特别适合火场使用。

(3) 与人体接触的导套在足够承重力(2t)下具有非常小的摩擦系数和优异的抗静电性能，从而使逃生者在下滑过程中由于摩擦和静电造成的不适减少到最小程度。

(4) 强度设计使整个装置的安全性、可靠性大为提高；入口圈采用优质不锈钢制成的柜架式结构，即保证了强度又保证了刚度。

(5) 柔性救生滑道可以使20人在1min内从高楼上安全撤离，人员不致受到炙烤、燃烧和烟熏的伤害。

(6) 任何人不需预先练习都可以成功地使用，而且可以用来营救老幼病残者。

(7) 柔性救生滑道亦可装备于消防云梯车、消防登高车、消防训练塔楼、石油钻井平台、机场指挥塔楼。

### （三）高空往复式救生缓降器

高空往复式救生缓降器，是利用使用者的自重，从一定的高度，以一定的匀速安全降至地面，并能往复使用的高空逃生缓降器，可以根据用户的要求配置不同长度的绳索。具有操作简便、可靠、安全等特点。

1. 高空往复式救生缓降器的适用范围

高空往复式救生缓降器适用于发生火灾、地震等危急情况下，使用者从一定高度安全下落地面逃生使用，也可用于高处作业。

2. 高空往复式救生缓降器的基本结构与性能特点

（1）高空往复式救生缓降器由调速器、绳索、安全带、安全钩、卷绳盘等组成。

（2）调速器由齿轮传动系统和摩擦减速系统组成，根据使用者体重的不同，能在很短的时间内达到平衡，使下降速度平稳。

（3）绳索为有芯绳索、纯裸钢丝绳等，使用强度高、阻燃、耐磨、匀速下降，无空程。

（4）反复使用，一台救生缓降器可连续多次救人运物。

（5）高度不受限制，用途广泛，险情发生时可高楼救人，平常可高空作业。救生缓降器主要适用于发生火灾、地震等危急情况下，逃生人员从一定高度下落地面缓慢下降逃生使用。

（6）安全带为合成纤维材质，并可根据使用者胸围大小调整长度。

（7）安全钩有保险装置，防松脱。

## 八、通用型复合泡沫灭火剂

本书以某公司开发研制出的一种通用型复合泡沫灭火剂为例进行介绍，其性能如下：

1. 主要参数指标

（1）润湿性。在混合比为6%的条件下，润湿时间≤20.0s。

(2) 隔热防护性能。在混合比为6%的条件下，25%析液时间≥20min，且发泡倍数≥30倍。

(3) 发泡倍数。低倍数泡沫灭火剂倍数为10(1±20%)；中倍数泡沫灭火剂倍数≥50；高倍数泡沫灭火剂倍数≥500。

(4) 析液时间(min)。低倍数泡沫灭火剂25%析液时间为8.0(1±20%)；中倍数泡沫灭火剂25%析液时间为10.0(1±20%)；50%析液时间为17.0(1±20%)；高倍数泡沫灭火剂50%析液时间为25.0(1±20%)。

析液时间，指一定质量的泡沫自生成开始，到析出混合液的时间。析液时间长的灭火剂稳定性好，但是流动性较差，灭火效率也低，析液时间短的灭火剂流动性好，但不够稳定，泡沫容易消失。

(5) 灭火性能。低倍数泡沫灭火剂：120#溶剂油：灭火时间，≤5.0min；抗烧时间，≥10.0min；99%丙酮：灭火时间，≤3.0min；抗烧时间，≥10.0min；中倍数泡沫灭火剂：灭火时间，≤120s；1%抗烧时间，≥30s；高倍数泡沫灭火剂：灭火时间，≤150s；

(6) 保质期。保质期≥10年。

2. 性能特点及先进性

该产品集低中高倍数，A类、AB类、蛋白、氟蛋白、抗溶、水成膜、氟蛋白抗溶、高倍数、水成膜抗溶泡沫灭火剂功能于一身，发泡倍数更高，析液时间更长，抗烧时间更好，具备了强有力的渗透性和防护隔热与挂壁的冷却作用，可快速高效灭火。

3. 适用范围

既能有效地扑灭醇类、酮类、酯类、腈类等B类极性易燃液体火灾，又能有效扑灭轻油、重油、苯类等B类非极性易燃液体火灾，还能扑灭以任何比例相混合的油醇混合燃料火灾。

## 九、 泡沫箱作战模块

对于石油化工类火灾来说，消防用水和消防泡沫液是非常宝贵的。据 2010 年大连“7 · 16”大孤山火灾事故的统计，共出动消防车辆 348 辆，远程供水一套，消防官兵 2380 名；共消耗消防水 60000 多吨，泡沫液总消耗量 1100 余吨，其中灭火总攻的泡沫液消耗量为 400 余吨；其中搬运桶装泡沫液的人员合计约 1300 多人，对现场灭火救援提出了新的难题和挑战。

供液撬块采用集装箱模块化设计，能实现快速吊装、运输、补给和泡沫比例的混合(1%、3%和 6%)，保证特大型火灾现场的远距离持续供液。

泡沫箱作战模块特点及先进性：

(1) 集装箱模块形式，机动灵活；

(2) 方便快速运输、快速补给；

(3) 能实现串并联，实现远距离 1~1. 5km 的持续供液；

(4) 能自动混合 1%、3%和 6%的泡沫灭火剂。

# 第六章 化工救援专用装备

## 一、 堵漏技术及装备

在石油化工生产、危险化学品运输等过程中，管线、罐体、压力容器等设备、装置因腐蚀穿孔、高压破裂等导致泄漏的情形很常见，如果处理不及时，就可能造成中毒、火灾、爆炸等事故。因此，堵漏技术及设备在石油化工生产、危险化学品运输等过程中，具有重要的应急处置，保障安全生产的作用。

随着科学技术的进步，堵漏技术及设备均已发展到了较为成熟完善的水平，特别是带压堵漏技术与设备的成熟，大大提高了堵漏效率，降低了事故概率，减少了因此造成的生产损失。

### (一) 堵漏技术

现在，比较成熟的堵漏技术包括钢带拉紧技术、快速捆扎技术、低压粘补技术、注剂式密封技术、堵焊技术、管线带压修复技术、磁压堵漏技术等。

1. 钢带拉紧技术

对于压力等级在 1. 6MPa 以下的泄漏，以前多采取卡箍止漏法。这种方法的缺点是预制时间长，对现场的应变能力差。钢带拉紧专利技术中的系列产品复合堵漏器、成型堵漏钢带等，能较好地克服卡箍止漏法的缺陷。2003 年 8 月 13 日，某油田采油三厂小集联合站沉降罐出口管线弯头焊缝泄漏，介质为油气水混合物，压力为 1. 2MPa，采用钢带拉紧工艺 20min 成功带压堵漏。

2. 快速捆扎技术

堵漏产品可以从结构上分固持和密封两部分，捆扎带是将两部分合为一体的堵漏产品，在捆扎时，随着捆扎带的增厚，能不断产生挤压力，从而达到快速捆扎堵漏的目的。2004 年 8 月 20 日，胜利油田某采油队 H106-6 站的出口复合管泄漏，介质为油气水混合物，压力为 1.2MPa，采用快速捆扎工艺 30min 成功带压堵漏。

3. 低压粘补技术即化学黏合技术

现有的各种胶黏剂均不易直接带压粘补，需要一种导流装置来实现带压粘补。现在研发出了导流帽，解决了这个难题。2004 年 9 月 19 日，胜利油田某采油队史 100 注水站 1 号罐底部泄漏，介质为污水，压力为 0.2MPa，采用低压粘补工艺 30min 成功带压堵漏。

4. 注剂式密封技术

治理压力在二三兆帕以上的石油天然气泄漏以及法兰、阀门等疑难位置的泄漏一般采用注剂式密封技术，但容易对泄漏本体形成冲击破坏。新型高压密封注剂，可以涵盖 35MPa 以下不同压力等级、不同泄漏位置、不同泄漏介质的各种泄漏。2004 年 3 月 13 日，中国海洋石油某分公司东方平台换热器封头法兰泄漏，介质为天然气，压力为 6MPa，采用新工艺 20h 成功带压堵漏，避免了整个气田及下游化肥厂的停产，节约资金 300 万元。

5. 膨胀式封堵技术

近年来，由于不法分子在油气管网上安装阀门窃油窃气，给生产单位带来重大损失。膨胀式封堵器专利产品解决了这个难题。2003 年 5 月 28 日，中原油田某采输气大队 11 号计量站外输干线上部被安装球型窃气阀门，直径为 20mm，介质为天然气，压力为 1MPa，采用膨胀式封堵器 20min 拆除阀门，并成功封堵住漏点。

6. 堵焊技术

对石油天然气管道的泄漏点进行电焊修补，以前大都采用打木塞再电焊的方法，事故隐患相当大。新型管道堵漏钳配合高温密封垫，可以在成功堵漏的前提下施焊，大大降低了事故风险。2003年7月，山东省某天然气管道公司的一条输气干线在聊城段遭挖掘机外力损伤而严重泄漏，压力为1.3MPa，采用堵焊工艺90min成功带压堵漏。

7. 带压堵漏技术

这种技术，就是在不停产的情况下，对管线、罐体、装置等进行堵漏。现在，国内此技术处于世界领先水平。

8. 磁压堵漏技术

磁压堵漏技术，是利用磁铁对受压体的吸引力，将密封胶、胶黏剂、密封垫压紧和固定在泄漏处堵住泄漏。这种方法适用于不能动火，无法固定压具和夹具，用其他方法无法解决的裂缝、松散组织、孔洞等低压泄漏部位的堵漏。

该技术对大型罐体、管线具有独到的快速堵漏的作用，是近些年来发展起来的具有世界体领先水平的封堵技术。

**(二) 堵漏设备**

堵漏设备种类繁多，型式不一、从原理上，主要包括堵漏注剂、黏胶、木楔、胶塞、捆绑带、专用卡子、强力磁铁等。从实用上，主要包括粘贴式、磁压式、注入式堵漏工具。

粘贴式组合堵漏工具，由快速堵漏胶和组合工具组成。组合工具由多种根据实际制作的不同器械构成。

对于尺寸很大的罐体、管线和平面状的容器发生泄漏，堵漏工具不易固定，难以加压堵漏。采用强力磁力加压器，就可很好地解决这一问题。

注入式堵漏，就是在泄漏部位用注胶夹具制作一个包含泄漏口的空腔，然后，用专用的注胶枪将密封剂注入空腔并充满它，从而完成堵漏。

当前各种主要堵漏器材如下：

1. 简易堵漏器材

简易堵漏器材有木质或橡胶质的堵漏楔(锥形、楔形)，用于罐壁孔洞、裂缝堵漏；下水道口堵漏袋，用于下水管道断裂堵漏；管道密封套，用于系列金属管道裂缝堵漏。

管道密封套用金属制成，内衬耐热、耐酸碱的丁腈橡胶，耐热80℃、耐压1.6MPa。一般使用管道直径为21.3~114.3mm。

2. 内封式堵漏袋

(1) 堵漏机理

将堵漏袋置于管道内，进行充气，利用圆柱形气袋充气后的膨胀力与管道之间形成的密封比压，堵住泄漏。气袋膨胀后的直径可达到原有直径的2倍。一般适用于5~1400mm内径的管道。短期耐热90℃，长期耐热85℃，有带有快速接头的输气管。

(2) 堵漏工具组成

① 堵漏气袋：圆锥形或圆柱形橡胶，不同规格，可以充气。

② 压缩空气瓶：用于向气垫充气，气瓶压力为20~30MPa。也可用脚踏泵或受压泵供气。

③ 连接器(带减压阀、安全阀)：用于连接气瓶和气垫，并将气瓶内的高压减压，当气垫内的压力达到其操作压力时，安全阀自动打开。

3. 外封式堵漏垫

(1) 堵漏机理

将堵漏垫外覆于泄漏部位，并通过绳索拉紧，利用压紧在泄漏部位外部的气垫内部的压力对气垫下的密封垫产生的密封比压，在泄漏部位重建密封，从而达到堵漏的目的。用于密封管道、容器、油罐车或油槽车、油桶、储罐等的泄漏，管道、容器等的直径应在480mm以上。

(2) 堵漏工具组成

① 气垫：气垫上带有充气接口和固定导向扣。气垫充气的压力不超过0.6MPa。对于需要排流的介质，气垫上可带排流管接口。气垫的规格和大小根据介质的压力和泄漏部位的大小确定。

② 固定带：固定带用于将气垫固定压紧在泄漏部位，固定带上带有棘爪，用于张紧带子。对于小型气垫可直接用带毛刺粘的捆绑带。

③ 密封垫：密封垫材料一般选用能耐温、耐介质的橡胶，如氯丁橡胶等。

④ 耐酸保护袋：耐酸保护袋用于密封垫和气垫不受酸性介质的腐蚀。一般为聚氯乙烯。

⑤ 脚踏气泵：用于向气垫充气。为保证气垫不会超压，气泵上带有安全阀。

4. 注胶堵漏器具

可广泛用于石油、化工、化肥、发电、冶金、医药、化纤、煤气、自来水、供热等各种工业流程。

(1) 系统组成。

系统由注胶堵漏枪、63MPa 液压泵、高压油路、无火花钻、各种卡具及密封胶组成。可以消除管线、法兰面、阀门填料、三通、弯头、焊缝处泄漏。适用温度-200~900℃，压力从真空到32MPa 以上。

(2) 注胶堵漏原理

用机械方法将密封剂挤入夹具与泄漏部位形成的空腔内或挤入泄漏处本身的空腔内，剂料在短时间内热固或冷固成新的密封圈，达到止漏的目的。

(3) 注胶工具

注胶工具是由注射枪和液压泵，用压力表和胶管等连接而成。液压泵一般采用手抬泵，由液压泵出来的液压油进入注射枪的油缸，推动柱塞，把注射筒中的密封剂压出来。

(4) 注射阀和换向阀

它是连接注射枪和夹具的工具。

(5) 夹具

夹具是注胶堵漏重要的组成部分，它与泄漏部位的外表面构成封闭的空腔，包容注入的密封剂，承受泄漏介质的压力和注射压力，并由注射压力产生足够的密封比压，才能消除泄漏。

（6）密封剂

注胶堵漏的密封剂有多种，常用的剂料有热固型和非热固型两大类，它们是用合成橡胶作基体，与填充剂、催化剂、固化剂等配制而成。

5. 磁压堵漏器

磁压堵漏器，包括外壳和装在外壳内的磁铁，其特征在于在外壳内有上磁铁和下磁铁形成的磁铁组，所述的上磁铁和下磁铁在外壳内至少有一个可以转动，通过改变转动磁铁N极和S极的位置形成工作磁场，上磁铁与下磁铁之间有隔磁板，上磁铁固定在隔磁板的上方或下磁铁固定在隔磁板的下方，在堵漏器的下面为可更换的铁靴，所述的铁靴对应的下磁铁的部位为隔磁板，铁靴的其他部位为导磁板。

磁压堵漏器使用简单、可靠，没有其他的附属设备，是中低压设备理想的堵漏工具。

用途：磁压堵漏系统，可用于大直径储罐和管线的堵漏作业。

性能及组成：系统由磁压堵漏器、不同尺寸的铁靴及堵漏胶组成。适用温度<80℃，压力从真空到1.8MPa以上；适用介质：水、油、气、酸、碱、盐；适用材料：低碳钢、中碳钢、高碳钢、低合金钢及铸铁等顺磁性材料。

6. 真空堵漏系统

用途：真空堵漏系统，可用于大直径储罐和管线的堵漏作业。

性能及组成：系统由真空泵、模具、连接管等部分组成。红松经蒸馏、防腐、干燥等处理，用于各种容器的点、线、裂纹产生泄漏的临时堵漏。适用温度-70~100℃，压力-1.0~0.8MPa的堵漏。

7. 捆绑式堵漏带

捆绑式堵漏带由高强度橡胶和增强材料复合制成，厚度约10mm，可在狭窄空间方便使用。独特的拉紧固定装置，一次充气可24h不泄漏。

适用于管道堵漏，封堵管道裂缝。其具有耐化学腐蚀、耐油性好，耐热性能稳定、抗老化等显著特点。

套装组成：堵漏包扎带、捆绑带及紧绳器、高压软管、排气接头、脚踏气泵组件。

8. 小孔堵漏枪

小孔堵漏枪是用于单人快速密封油罐车、储存罐、液柜车裂缝的堵漏设备。

其显著特点，是根据泄漏口的大小和形状、配备有圆锥形、楔形、过渡形四种不同规格尺寸的枪头，枪头由高强度橡胶和增强材料复合制成。各组件之间用快换接头连接，拆装方便，安全可靠。

## 二、 氯气捕消器

氯气泄漏是氯碱生产企业及造纸工业、纺织工业、自来水消毒、污水处理厂、制药、食品工业等各种使用、储存、运输等用氯单位常见的事故，一旦发生泄漏事故直接威胁人的生命安全。氯气捕消器是氯气泄漏现场有效的抢险清除净化设备。

该产品是一种干法消除泄漏氯气的设备，外观及使用方法类似消防部门的干粉灭火器，内装8μm左右的粉剂，其粉剂具有比表面积大，防潮防结块性能强，流动性好，与氯气反应效率高的特点。

国内生产该产品从技术到设备都比较成熟，以操作简便，价格低廉(低于国外同类产品10倍以上)粉体无毒害、无二次污染，而赢得了广大氯气使用单位的好评。

## 三、硫化氢捕消器

硫化氢捕消器工作原理，采用高压氮气将粉剂迅速喷出，形成大面积的雾状空间，进而高效地同空间内的硫化氢发生碰撞、吸附、反应等一系列作用最终生成硫化物沉降，达到捕消硫化氢气体的目的，且对环境无污染。某产品硫化氢清除率可达 95% 以上，喷射距离 3.5m 以上，产品有效期 2 年。应该特别注意，操作该装备，需配合密闭防护服。

## 四、液体捕集器材

在石油化工生产事故中，经常会遇到易燃易爆、有毒有害液体泄漏的情况，此时，必须及时进行阻隔、收集，避免发生火灾、爆炸、中毒和环境污染事故。液体捕集器材，主要包括专用于油类的吸油袋、吸油垫、吸油片、围油栅、挡油栅等，以及用于酸、碱类的专用吸垫，还有用于油类、酸、碱等万能吸垫。

另外，液体捕集器材，还有专用托盘、废液罐、控泄盘、管道渗漏分流器等。

## 五、洗消装备

对化学事故现场进行洗消处理，是降低受害人员、装备的受害程度，为救援人员提供防毒保护的重要手段，也是化学事故救援工作的重要一环。

1996 年 3 月 20 日上午发生的举世震惊的日本东京地铁“沙林毒气事件”，造成 11 人死亡，75 人昏迷不醒，5100 余人分送 234 家医院抢救。共 340 个消防队，1363 名消防队员到场。这次事件导致 135 名消防队员受伤，其中有 34 名是在地面，没有进入到地铁内，主要是吸入了附着在衣服上的气体而中毒的。这次事件付出了惨重的代价，其中的原因可以说是多方面的，但由于洗消不够，导致中毒，是一个重要的原因。

化学洗消早已在军事领域得到了广泛的应用，对染有毒剂、放射性物质的人员、装备等进行消毒和消除，是军队作战中防化专业保障的重要内容之一。随着近年来化学事故的频繁发生，化学洗消作业已开始“军为民用”，成为消防部队完成化学事故抢险救援任务的重要组成部分。

**(一) 洗消任务**

洗消任务主要是对人员的洗消。人员的洗消分为人体消毒和毒物消除。

1. 人体消毒

人员皮肤染毒在撤出危险区后应立即进行消毒处理。我国对化学事故中毒人员进行抢救时，经常采取脱掉患者衣服，用酒精或清水先清洗消毒，再进行医疗处理的方法，这种方法对大多数中毒者都适用。但对于染毒较深，症状严重的受害者达不到彻底消毒的目的。因为如果染毒时间较长，毒剂已深入皮肤，单靠表面清洗，是无法将毒剂全部洗掉的。对于这种受害者，应采用针对毒剂类型配制的专用消毒液进行消毒，用消毒液擦拭后，再洗一次澡，以消除皮肤上残留的消毒液和生成物。对于进入现场的消防特勤人员，由于配备了相应的防护服装，在完成任务后，直接清洗皮肤即可。如不慎受到化学品灼伤，可用随车配备的敌腐特灵溶剂及时进行消毒。

2. 毒物消除

人员受到放射性等毒害物沾染，则要通过消除的方法进行洗消，消除分全部消除和局部消除。现在通用的是全部消除，即利用淋浴装置进行全身各部位的消除。消除时在专门设置的人员洗消场内进行，用热水、肥皂或洗涤剂等清洗全身，将沾染在皮肤表面的放射性物质除去。消除时按手、头、颈、躯干的顺序进行。

**(二) 洗消系统构成**

洗消具体实施时，可分为：人员洗消、装备洗消、地面洗消和服装洗消四种形式。

目前消防部队常用的洗消器材是用于消毒、灭菌、消除放射性沾染的各种器材的统称。主要包括：各种防化洗消车，小型洗消器，洗消、排水泵，洗消帐篷热水器，排污、烘干消毒设备，洗消剂等。

1. 洗消车辆

如淋浴车、喷洒车、洗消车和消毒车等，可对人员、装备和地面进行洗消。

2. 充气帐篷

一个充气帐篷包括一个运输包(内有帐篷、放在包里的撑杆)和一个附件箱(内有一个帐篷包装袋、一个拉索包、两个修理用包、一个充气支撑装置、塑料链和脚踏打气筒)。帐篷内有喷淋间、更衣间等场所。

使用时，尽量选择平整且产生磨损较小的地方搭设，避免帐篷损坏。使用后，要清洗晾干。

3. 空气加热机

主要用于对洗消帐篷内供热或送风。有手动、恒温器自动控制。应定期检查养护，保证动力系统正常。

4. 热水加热器

主要部件有燃烧器、热交换器、排气系统、电路板和恒温器。主要用于对供入洗消帐篷内的水进行加热。

5. 便携式洗消器

如背囊式消毒器，坦克、车辆洗消器，以及消毒包和消毒盒等。坦克、车辆洗消气主要用于对大型武器装备进行消毒，消毒包和消毒盒供人员对皮肤、服装和轻武器进行消毒。

现代便携式洗消器一般采用压缩空气为动力，具有核生化战剂及工业有毒化学品洗消功能，体积小、质量轻，新型小包装多种洗消剂，使用简单方便，并且具有快速灌装服务模件，可以现场快速灌装、便捷使用特点。实现了单兵手持式使用，携带方便，尤其适合防毒面具、防护服和人员的专用洗消。

6. 高压清洗机

高压清洗机由长手柄、高压泵、高压水管、喷头、开关、入水管、接头、捆绑带、携带手柄、喷枪、清洗剂输送管、高压出口等组成。电源启动，能喷射高压水流。必要时可以添加清洗剂。主要用于清洗各种机械、汽车、建筑物、工具上的有毒污渍。也可用于清洗地面和墙壁等。

**（三）洗消基本原理**

洗消基本原理有以下6种：

1. 水解作用

多数毒剂皆可因水解失去毒性(路易氏剂例外)，但常温下水解较慢，加温加碱可使水解加速。

2. 碱洗作用

碱可破坏多数毒剂，特别是G类神经毒和路易氏剂。故常用氨水、碳酸钠、碳酸氢钠和氢氧化钠等碱性消毒剂消除上述毒剂。

3. 氧化作用

糜烂性毒剂易被多种氧化剂氧化失去毒性。因此，可用漂白粉浆(液)、氯胺、过氧化氢、高锰酸钾等溶液消除。路易氏剂还可用碘酒消毒。因氧化剂一般均有腐蚀作用，不宜用来消毒金属医疗器械或服装等棉毛织品。

4. 氯化作用

芥子气易被氯化生成一系列无糜烂作用的多氯化合物。因此常用漂白粉、三合二、氯胺或二氯异三聚氰酸钠消除芥子气。

5. 溶解作用

利用不同物质相互易溶的特性进行溶解，常用的溶剂，有水、酒精、汽油、溶剂油等。

6. 吸附作用

利用一些物质的吸附特性如炭及特制吸附材料，对有毒气体、液体进行吸附。

实际工作中，为了取得良好的消毒效果，要根据具体情况，选择一种或几种相互配合应用。例如，皮肤被液滴态毒剂污染时可先用干净敷料吸去可见液滴，然后再用化学消毒剂，最后水洗。

**(四) 常用洗消剂**

常用洗消剂类型有以下四种。

(1) 氧化氯化消毒剂。如次氯酸钙(也称漂白粉、氯化石灰)、次氯酸钠、三合二、氯胺、二氯胺、二氯异三聚氰酸钠等。这类消毒剂主要通过氧化、氯化作用来达到消毒目的。

(2) 碱性消毒剂。如氢氧化钠、氢氧化钙、氨水、碳酸钠、碳酸氢钠等。

(3) 物理洗消剂。包括常用的溶剂，如水、酒精、汽油以及吸附剂等。

(4) 简易洗消剂，如草木灰水、肥皂粉水等。因含有碱性成分，故也可用于洗消。

**(五) “敌腐特灵”洗消剂**

在一些特殊的事故现场，如遇到被泄漏的化学品灼伤喷溅的伤员，为避免严重烧伤导致死亡的严重后果，人们急需一种及时有效地处置化学灼伤的洗消药液。目前化学抢险救援车上普遍配备的“敌腐特灵”是适用于所有化学物对人体侵害的多用途洗消溶剂，它的化学分子结构经过改变后具有极强的吸收性能，它能同侵入人体的化学物立即结合，挟裹着它们从人体中排出，是水所无法比拟的，并具有高效，快速的特点。它是一种“酸碱两性的螯合剂”，由获得专利的特殊化学溶液组成，用于处置强酸碱和化学品灼伤的伤口创面。分洗消罐、洗消剂、洗眼液等几种包装形式，这样既适用于全身性洗消，也能满足人体局部洗消的不同要求。

(1) 洗消罐操作方法

使用方法同灭火器，拔下细铁丝，按下把手，用喷头对准伤口即可。注意：用洗消罐清洗前，必须脱掉全身衣物，否则衣物内残存的化学品会继续腐蚀人体，造成严重后果。

（2）便携式洗眼器

可以放在衣袋里或用特制的皮套别在腰带上，随时使用。在接触化学物 10s 内使用效果最佳。用完当即扔掉。

（3）“敌腐特灵”使用注意事项

使用“敌腐特灵”之前不要用水洗，因为水只能清洗表面，而不能捕获进入皮肤内的化学物质，且用水洗会耽误时间，影响敌腐特灵冲洗的效果。

使用“敌腐特灵”最重要的是抓紧时间，若超过规定时间，则需用大量的溶液冲洗。

**（六）洗消方法及选择**

1. 洗消方法

（1）化学消毒法。即用化学消毒剂与有毒物直接起氧化、氯化作用，使有毒物改变性质，成为无毒或低毒的物质。消毒剂水溶液装于消防车水罐内，经消防泵加压后通过水带、水枪以开花或喷雾水流喷洒。

（2）燃烧消毒法。即用燃烧来破坏有毒物及其毒性。对价值不大或火烧后仍可使用的设施、物品可采用这种方法。但燃烧虽可破坏毒物，也可能使毒物挥发，造成邻近及下风方向空气污染，故在使用此法时人员应采取防护措施。

（3）物理消毒法。此法有三种方式：

① 吸附。即利用有较吸附性能的物质（如专用吸附垫、活性白土、活性炭等）吸附染毒物品表面或过滤空气、水中的有毒物，亦可用棉花、纱布等去除人体皮肤上的可见有毒物液滴。

② 溶洗。即用棉花、纱布等以汽油、酒精、煤油等溶剂，将染毒物表面的毒物溶解擦洗掉。

③ 机械转移。即利用切除、铲除或覆盖等机械（如破拆工具、铲车、推土机等），将有毒物移走或覆盖掉，使人员不与染

毒的物品、设施直接接触。

2. 洗消方法的选择

（1）应根据有毒有害物质的性质及状态选择洗消方法。如对毒性大且又较持久的油状液体毒物，一般应用氧化、氯化消毒剂或碱性消毒剂消毒。消毒后还需用大量的清水冲洗；对气体毒物，一般可不作专门消毒，但可对污染区暂时封闭，依靠自然条件，如日晒、通风等使毒气逸散消失，对高浓度染毒区，则可喷洒一些雾化消毒剂溶液，加速消毒。

（2）根据染毒物品、设施的性质及染毒程度选择洗消方法。如对染毒的金属、水泥结构生产设施，可喷洒消毒剂实施消毒，对精密仪器、设备可用有机溶剂擦拭，但无论使用哪种洗消剂和洗消方法，都应遵循既要消毒及时、彻底有效，又要尽可能不损坏染毒物品，尽快恢复其使用价值的原则。

（3）需特别注意的是，对参与化学事故抢险救援的消防车辆及其他车辆、装备、器材也必须进行消毒处理。否则会成为扩散源。对参与抢险救援的人员除必须对其穿戴的防化服、战斗服、作训服和使用的防毒设施、检测仪器、设备进行消毒外，还必须彻底地淋浴，冲洗躯体、皮肤，并注意观察身体状况，进行健康检查。

## 六、输转装备

输转装备主要有污水袋、手动隔膜抽吸泵、防爆水轮驱动输转泵、有害液体抽吸泵、排污泵、有毒物质密封桶、围油栏、吸附袋等。

### （一）污水袋

主要用于收集污水等有害液体，送入专门处理场所进行净化处理，避免造成外排污染。

适用于野外或缺乏水源的地方，进行洗消的辅助设备，采用特殊材料制成，可折叠，轻便坚固。污水袋应可清洗再用。

### （二）有毒物质密封桶

主要用于收集并转运有毒物体和污染严重的土壤。密封桶由两部分组成，并在上端预留了观察和取样窗，便于及时对转运物体进行观察和取样。

一般用高分子材料制成，防酸碱，耐高温。由金属内桶、金属内桶盖子、聚乙烯外桶及聚乙烯外桶盖子组成。金属内桶由不锈钢制造，底部加强；金属内桶盖子，材质与金属内桶相同，带密封胶边及夹子；聚乙烯外桶及盖子，由环保聚乙烯制造，防酸、防碱、防油，桶及盖子带螺丝式密封环。

### （三）吸附袋

用于小范围内吸附酸、碱和其他腐蚀性液体。包括吸附块、吸附纸、塑料收集袋等。最大吸附能力可达 75L/套。

### （四）液体吸附垫

可快速有效地吸附酸、碱和其他腐蚀性液体。吸附能力为自重的 25 倍，吸附后不外渗。

可围成圆形进行吸附，吸附时，不要将吸附垫直接置于泄漏物表面，应将吸附垫围于泄漏物周围。

使用后的吸附垫不得乱丢，要回收进行技术处理。

### （五）有害液体抽吸泵

用于迅速抽取有毒有害及黏稠液体，由电动机驱动，电压为 220~380V，配有接地线，安全防爆型。能吸走地上的化学液体或污水，有效地防止污染扩散。

### （六）手动隔膜抽吸泵(防爆)

用于输转有毒、有害液体。手动驱动手动隔膜抽吸泵由泵体、传动杆、隔膜(氯丁橡胶膜或弹性塑料膜)、活门、接口等组成。

### （七）水力驱动转输泵

水力驱动转输泵安全防爆，其动力源为消防高压水流。高压水流注入泵体内，带动泵内水轮机工作，从而抽吸各种液体，特别是易燃易爆液体，如：燃油、机油、废水、泥浆、易燃化工危险液体、放射性废料等。

**（八）多功能毒液抽吸泵**

1. 主要功能

轻便、易于操作，可自动吸干；可输送黏性极大或极小的液体、粉状物，也可输送固体粒状物(直径可达 8mm)；运送物品和扁平管内部接触，有利于清洗。

2. 投入使用

（1）应垂直安装泵，将泵连到管子上之前，取下泵抽吸及传送两边的保护罩。泵罩上安装的真空计指示抽吸一边的真空度，泵运行一会儿后，真空表开始显示数字。如真空表不指示真空度，应检查泵的密封性。

（2）检查传动设备的润滑。检查油箱内油量，如不够应及时注满。

（3）确保安全装置的安装及运行。在加压阀门关闭的情况下不能开启泵，启动传送装置，泵的输送器可用安装在泵前面的测定阀调节。

3. 维护保养及注意事项

维修工作，尤其是电、液、气设备只能由专业技术人员进行。

（1）对机器及电器件的修理应由专业人员进行，修理后再经一位监察人检查。

（2）运行维修前应停止机械，断开电源，保证设备不会引起事故。在对设备和电气件实施操作时，务必保证未带电操作，确认已拔下电源插头。

（3）操作者应遵守安全守则，只能用允许的工具修理，以免造成人身伤害。

（4）管子如破损，应及时用同一型号的新管子替换。

（5）冷却装置，如排风扇，不用时搁置时间不应太长。

(6) 不要触摸正在旋转的部件，应保持距离，防止衣服及头发被卷到旋转装置中。进行清理、维修时要穿安全服，戴上保护眼镜、防尘头盔、安全靴、手套等，衣服不应太大。

(7) 润滑工作(仅对配有润滑装置的泵有效)由专业人员完成后，再由监察人检查。不能使火焰或炽热的物体接近润滑油。

## 七、 化学救援车

化学救援车，是一种配备破拆工具、堵漏工具、呼吸器、洗消器、排烟机、防毒衣、空气呼吸器、照明灯具、起重、牵引、洗消帐篷、加压泵、侦检仪器、重型防化服等化学应急救援装备的专用车辆，功能齐全，战斗力强，但是，造价也比较昂贵。

## 八、 电气安全用具

电气安全用具是指用以保护电气作业人员，以避免触电事故、弧光灼伤事故或高空坠落等伤害事故所必备的用具。主要包括起绝缘作用的绝缘安全用具，如绝缘棒、绝缘鞋等；起验电作用的电压指示器，登高作业用的安全腰带以及保证检修安全的临时接地线、遮栏、标示牌等。

### (一) 电气安全用具分类

电气安全用具分绝缘安全用具和一般防护安全用具两大类。

1. 绝缘安全用具

绝缘安全用具指有一定绝缘强度，用以保证电气工作人员与带电体绝缘的工具。它又分为基本安全用具和辅助安全用具。

(1) 基本安全用具

基本安全用具的绝缘强度能长期耐受电气设备工作电压，可直接接触带电体。这类工具有绝缘棒、绝缘夹钳、验电器等。

(2) 辅助安全用具

辅助安全用具的绝缘强度不能承受工作电压，只能用来加强基本安全用具防护作用，不能直接接触带电体。这类工具有绝缘手套、橡胶绝缘靴、绝缘垫、绝缘站台、绝缘毯等。

(3) 高压、低压设备安全用具

高压设备的操作用具有绝缘杆、绝缘夹钳和高压验电器等。

低压设备的操作用具有装有绝缘手柄的工具、低压验电笔等。

2. 一般防护安全用具

一般防护安全用具指本身没有绝缘强度，只用于保护工作员避免发生人身事故的工具。这类电气安全用具主要用来防止停电检修设备的突然来电、工作人员走错间隔、误登带电设备以及电弧灼伤、高空坠落等。

属于这一类的工具有携带型接地线、临时遮栏、标示牌、警告牌、防护目镜、安全帽和安全带等。此外，升高用的竹(木)梯、脚扣、升降板和一些起重工具也称一般防护安全用具。

**(二) 电气安全用具的功能与正确使用**

1. 梯子和高凳

(1) 梯子和高凳可用木材制作，也可用竹料制作，但不应用金属材料制作。梯子和高凳应坚固可靠，应能承受工作人员及其所携带工具的总重量。

(2) 梯子分人字梯和靠梯两种。为了避免靠梯翻倒，靠梯梯脚与墙之间的距离不应小于梯长的1/4；为了避免滑落，其间距离不得大于梯长的1/2。

(3) 为了限制人字梯和高凳的开脚度，其两侧之间应加拉链或拉绳。

(4) 为了防滑，在光滑坚硬的地面上使用的梯子的梯脚应加橡胶套或橡胶垫。

(5) 在泥土地面上使用的梯子的梯脚应加铁尖。

(6) 在梯子上工作时，梯顶一般不应低于工作人员的腰部，或者说工作人员应站在距离梯顶不小于1m的踏板上工作。切忌站在梯子或高凳最高处或最上面一二级踏板上工作。

2. 脚扣和登高板

脚扣和登高板是登杆用具，因此都应有良好的防滑性能。

（1）脚扣

脚扣主要部分用钢材制成。木杆用脚扣的半圆环和根部均有突起的小齿，以刺入木杆起防滑作用。水泥杆用脚扣的半圆环和根部装有橡胶套或橡胶垫起防滑作用。脚扣有大小号之分，以适应电杆粗细不同之需要。

（2）登高板

登高板，主要由坚硬的木板和结实的绳子组成。

3. 安全腰带

安全腰带是防止坠落的安全用具。安全腰带用皮革、帆布或化纤材料制成，不允许使用一般绳带代替。安全腰带有两根带子，小的系在腰部偏下作束紧用，大的系在电杆或其地牢固的构件上起防止坠落的作用。安全腰带的宽度不应小于60mm。

4. 绝缘杆

绝缘杆是绝缘基本安全用具，由工作部分、绝缘部分和握手部分组成。

握手部分和绝缘部分用浸过绝缘漆的木材、硬塑料、胶木或玻璃钢制成，其间有护环分开。

配备不同工作部分的绝缘杆，可用来操作高压隔离开关，操作跌落式保险器，安装和拆除临时接地线，安装和拆除避雷器，以及进行测量和试验等项工作。

绝缘杆在使用中应注意：

（1）下雨、雾或潮湿天气，在室外使用绝缘杆，应装有防雨的伞形罩，下部保持干燥。

（2）绝缘杆要有足够的强度，使用中要穿戴好绝缘手套和绝缘靴。

（3）使用中要防止碰撞，以避免损坏表面的绝缘层。

（4）绝缘杆要定期进行电气试验。平日要妥善保管并应防潮。

5. 绝缘夹钳

绝缘夹钳是绝缘基本安全用具。绝缘夹钳只用于35kV以下的电气操作。

绝缘杆和绝缘夹钳都由工作部分、绝缘部分和握手部分组成。

握手部分和绝缘部分用浸过绝缘漆的木材、硬塑料、胶木或玻璃钢制成，其间有护环分开。

绝缘夹钳主要用来拆除和安装熔断器及其他类似工作。考虑到电力系统内部过电压的可能性，绝缘杆和绝缘夹钳的绝缘部分和握手部分的最小长度应符合要求。绝缘杆工作部分金属钩的长度，在满足工作要的情况下，不宜超过 5~8cm，以免操作时造成相间短路或接地短路。

绝缘夹钳使用中应注意：绝缘夹钳应保存好，必须按规定进行电气试验。使用时不允许装接地线。

6. 绝缘手套

在低压操作中是基本安全用具，但在高压操作中只能作为辅助安全用具使用。使用前要进行外观检查。

戴绝缘手套的长度至少应超过手腕 10cm，要戴到外衣衣袖的外面。

严禁用医疗或化学用的手套代替绝缘手套使用，并要按规定做电气试验。

7. 绝缘靴

作为辅助安全用具使用，绝缘靴是作为防止跨步电压的基本安全用具。

绝缘靴应采用特种橡胶制成，使用中不能用普通防雨胶靴代替绝缘靴，并应将绝缘靴放在专用的柜子里，温度一般在 5~20℃，湿度在 50%~70%较合适。使用前要进行外观检查，并要定期进行电气试验。

8. 绝缘垫

绝缘垫是一种辅助安全用具，铺在配电装置的地面上，以便在进行操作时增强人员的对地绝缘，防止接触电压与跨步电压对人体的伤害。绝缘垫用厚度 5mm 以上、表面有防滑条纹的橡胶制成，其最小尺寸不宜小于 0. 8m×0. 8m。

绝缘垫厚度不应小于 5mm，若有破损应禁止使用。

9. 绝缘台

绝缘站台用木板或木条制成。相邻板条之间的距离不得大于 2.5cm，以免鞋跟陷入；站台不得有金属零件；台面板用支持绝缘子与地面绝缘，支持绝缘子高度不得小于 10cm；台面板边缘不得伸出绝缘子之外，以免站台翻倾，人员摔倒。绝缘站台最小尺寸不宜小于 0.8m×0.8m，但为了便于移动和检查，最大尺寸也不宜超过 1.5m×1.0m。

绝缘台要放在干燥的地方，经常保持清洁，一旦发现木条松脱或瓷瓶破裂，应立即停止使用。

10. 遮栏

遮栏分为固定遮栏和临时遮栏两种，其作用是把带电体同外界隔离开来。装设遮栏应牢固，并悬挂各种不同的警告标示牌，遮栏高度不应低于 1.7m。

11. 高压验电器

（1）高压验电器功能、类型与基本结构

高压验电器主要用来检验设备对地电压在 250V 以上的高压电气设备。

目前，广泛采用的有发光型、声光型、风车式三种类型。

它们一般都是由检测部分（指示器部分或风车）、绝缘部分、握手部分三大部分组成。绝缘部分系指自指示器下部金属衔接螺丝起至罩护环止的部分，握手部分系指罩护环以下的部分。其中绝缘部分、握手部分根据电压等级的不同其长度也不相同。

（2）高压验电器的使用

① 正确选型

验电时必须选用电压等级合适而且合格的验电器，并在电源和设备进出线两侧各相分别验电。否则可能会危及操作人员的人身安全或造成错误判断。

② 双人操作

在使用高压验电器进行验电时，首先必须认真执行操作监护制，一人操作，一人监护。操作者在前，监护人在后。

③ 用前检查

在使用高压验电器验电前，一定要认真阅读使用说明书，检查一下试验是否超周期、外表是否损坏、破伤。例如，GDY 型高压电风验电器在从包中取出时，首先应观察电转指示器叶片是否有脱轴现象，警报是否发出音响，脱轴者不得使用，然后将电转指示器在手中轻轻摇晃，其叶片应稍有摆动，证明良好，然后检查报警部分，证明音响良好。对于 GSY 型系列高压声光型验电器在操作前应对指示器进行自检试验，才能将指示器旋转固定在操作杆上，并将操作杆拉伸至规定长度，再作一次自检后才能进行。

④ 操作规范

验电时，操作人员一定要戴绝缘手套，穿绝缘靴，防止跨步电压或接触电压对人体的伤害。操作者应手握罩护环以下的握手部分，先在有电设备上进行检验。检验时，应渐渐地移近带电设备至发光或发声止，以验证验电器的完好性。然后再在需要进行验电的设备上检测。同杆架设的多层线路验电时，应先验低压，后验高压，先验下层，后验上层。

⑤ 小心保管

在保管和运输中，不要使其强烈振动或受冲击，不准擅自调整拆装，凡有雨雪等影响绝缘性能的环境，一定不能使用。不要把它放在露天烈日下暴晒，应保存在干燥通风处，不要用带腐蚀性的化学溶剂和洗涤剂进行擦拭或接触。

⑥ 特别注意事项

高压验电器不能检测直流电压。

12. 低压验电器

(1) 低压验电器的功能与基本结构

低压验电器，一般就是生活中常用的验电笔。

它是用来检验对地电压在 250V 及以下的低压电气设备的，也是家庭中常用的电工安全工具。它主要由工作触头、降压电阻、氖泡、弹簧等部件组成。这种验电器是利用电流通过验电器、人体、大地形成回路，其漏电电流使氖泡起辉发光而工作的。只要带电体与大地之间电位差超过一定数值(36V以下)，验电器就会发出辉光，低于过个数值，就不发光，从而来判断低压电气设备是否带有电压。

低压验电笔除主要用来检查低压电气设备和线路外，它还可区分相线与零线，交流电与直流电以及电压的高低。通常氖泡发光者为火线，不亮者为零线；但中性点发生位移时要注意，此时，零线同样也会使氖泡发光；对于交流电通过氖泡时，氖泡两极均发光，直流电通过时，仅有一个电极附近发亮；当用来判断电压高低时，氖泡暗红轻微亮时，电压低；氖泡发黄红色，亮度强时电压高。

(2) 低压验电器的使用

① 用前细查

在使用前，首先应检查一下验电笔的完好性，四大组成部分是否缺少，氖泡是否损坏，然后在有电的地方验证一下，只有确认验电笔完好后，才可进行验电。

② 正确操作

在使用时，一定要手握笔帽端金属挂钩或尾部螺丝，笔尖金属探头接触带电设备，湿手不要去验电，不要用手接触笔尖金属探头。

**(三) 电气安全用具的维护**

电气安全用具必须加强日常的保养维护，防止受潮、损坏和脏污，使用前应进行外观检查，表面应无裂纹、划痕、毛刺，孔洞、断裂等外伤。电气安全用具不许当作其他用具使用。各种安全用具应定期进行检查和电气试验。

# 第七章 医疗救护装备

医疗急救装备，是指对事故现场伤员进行现场急救、转移的专业工具。如担架、救护车、氧气袋、急救箱等工具。在相关装备，如急救箱中，还要装备如速效救心丸、杜冷丁、心律平、地塞米松、烫伤膏、强心针等药品。

## 一、普通救护车

救护车，对于人员抢救是必需的。一般的救护车，都配有医生、护士等专业人员，并配有心脏起搏器、输液器、氧气袋等设备，也配有一些急救药品。可以对受伤人员进行紧急处置后，再转移到医院进行正规治疗。

## 二、ICU 救护车

ICU(Intensive Care Unit)救护车上的医疗配备就相当于一个小型的 ICU 病房和小型手术室。氧气、吸引器、心脏起搏器、呼吸机、全套监护器、药品器材、手术器械等应有尽有，万无一失。

在危险化学品事故发生时，第一时间内现场死亡人数是最多的。创建流动便携式 ICU 病房能有效降低危险化学品事故伤员的死亡率和伤残率。

国内外历次战争数据表明，构成伤后死亡率的各种比例是：伤后即刻死亡 40%，伤后 5min 占 25%，伤后 5～30min 死亡占 15%，伤后 30min 以上死亡占 20%。

另据统计，创伤伤员第一死亡高峰在1h之内，其死亡人数占创伤死亡人数的50%，第二死亡高峰在2~4h之内，其死亡人数占创伤死亡人数的30%。所以对于现场人员急救来说，时间就是生命。传统的急救观念与方法常常是伤员丧失了最宝贵的几分钟、十几分钟的“黄金救命”时间。因此，必须倡导时间就是生命的理念与方法。

**（一）流动便携式ICU病房的设备配置及药品配置**

流动便携式ICU病房的设备配置及药品配置应该根据任务的需求决定。

常用ICU急救设备如下：

带自备电源的多功能除颤仪（包括除颤、心电监护、血氧饱和度、血压、心电图）、便携式呼吸机、便携式吸引器、快速气管通气器械、担架、手术器械包、被褥、氧气瓶、消毒物品箱、冰盒2个、液体箱1箱、杂物箱。

急救箱，应急灯、血压计、听诊器、体温表、手电筒、注射器、心内注射针、敷料盒、棉球盒、供氧器、双头吸氧管、吸痰管、人工呼吸嘴（大、中、小）各1个、气管导管、手套、颈托、输液器、输血器、碘棉球、止血带等。

药品：肾上腺素、间羟胺、阿托品、山莨菪碱、利多卡因、尼可刹米（可拉明）、杜冷丁、安定、多巴胺、心律平、输氧康等。

**（二）人员配置**

根据任务的需要，有针对性地做好人员的配置，流动便携式ICU病房医疗救护队人员组成原则上由各个专业的专家组成，身体健康，应该是全天候的医疗救护队，一般为4~5人，人员精干。设队长1人，若针对创伤及局部战争的现场急救，则最好由经过ICU专门训练的外科专家担任，队员包括麻醉、内科、专业护理人员各1人。所有人员应该进行强化培训，达到一专多能。根据具体任务，在医疗救护直升机上配置经过ICU专门训练的普通外科专家1名，骨科专家1名，麻醉专家1名，心血管内科专家1名，专业护士1名。在医疗救护车配置经过ICU专门训练的脑外科专家1名，心血管外科专家1名，烧伤外科专家1名，骨科专家1名，专业护士1名。当然强有力的保障人员是必不可少的。

**(三) 组织机构**

现场急救是一个复杂的完整的系统工程。需要一整套合理、高效、科学的管理方法和精干熟练的指挥管理人才和强有力的专家组。流动便携式ICU病房的设备和人员应该受现场急救指挥部统一领导。

以上急救设备、药品和人员应根据具体任务的不同而有所增减。创建安全有效的绿色抢救通道十分重要，包括医疗救护网络、通信网络和交通网络，保证这个通道高效运行。

**(四) 实施原则和程序**

1. 原则

对构成危及伤员生命的伤情或病情，应充分利用现场的条件，予以紧急抢救，使伤情稳定或好转，为后送创造条件，尽最大努力确保伤员生命安全。

2. 程序

(1) 事先准备

根据承担任务特点和要求，完成医疗救护队的组织建设、业务培训和任务前动员，并对现场流动便携式ICU病房、医疗救护车辆、通信设备、急救设备、药品等进行检查和调试。

(2) 任务执行

根据突发事故的现场情况，由现场急救指挥部决定进入医疗救护程序的方式，现场流动便携式ICU病房及医疗救护人员对伤员的伤情进行初步检查。迅速诊断伤情，立即实施最必需的医学急救措施，如进行通畅气道、给氧、止血、心肺复苏、抗休克等，特别必要时实施现场急救手术，尽可能地稳定伤情，及时消除或减轻强烈刺激对伤员造成的心理不适应。主要伤情处置规范按救治规则进行，当伤员病情允许后送时，由现场医疗救护队队长决策，向指挥长报告，在指挥长的统一指挥下，将伤员后送，后送期间需要进行不间断救治。

(3) 总结改进

做好伤员的病情和记录交接，后送任务完成。对任务的救治工作进行总结。

**(五) 制定系统而完整的医疗救护预案**

鉴于突发灾害事故、局部战争的医疗救护工作的复杂性和意外伤害的突发性，需要制定突发灾害事故伤员伤病救治规则，医疗救护演练实施细则，现场应急医疗救护处置程序、伤员后送程序和标准、伤员到达医院后的医疗救护程序等。

同时，为了充分便携式 ICU 病房的作用，必须加强对流动便携式 ICU 病房医疗救护人员的培训和演练。

## 三、 担架的种类及应用

院前急救时，专业急救人员除在现场采取相应的急救措施外，还应尽快把病人从发病现场搬至救护车，送到医院内，这个搬运过程中必须使用担架，选择合适的担架对于提高院前抢救质量和水平也是至关重要的。

搬运、护送似乎很简单，是一个体力搬运和交通运输问题，似乎与医疗急救无密切的关系。事实却不然！搬运不当可以使危重病人在现场的抢救前功尽弃。不少已被初步救治处理较好的病人，往往在运送途中病情加重恶化了；有些病人，因搬运困难现场耗时过多，而延误最佳抢救时间。于是，无论怎样进步，病人从发病现场的“点”到现代化的救护车、艇、飞机，乃至安全到达医院的运载过程中，都存在着现场“第一目击者”或急救人员运用适合的担架方便快捷地搬运病人的问题，万万不可轻视搬运、护送中的每一个细节。人们现已逐步认识到救护搬运是现场急救的重要内容，是连接病人能否获得全面有效救治过程的一个“链”。

**（一）担架的种类**

担架是运送病人最常用的工具，担架的种类很多，目前常见的有帆布(软)担架、铲式担架、折叠担架椅、吊装担架、充气式担架、带轮式担架、救护车担架及自动上车担架等。

**（二）担架的应用**

1. 帆布(软)担架

帆布(软)担架较灵活，但仅适用于一些神志清楚的轻症患者，而相当大比例的重症、外伤骨折尤其脊柱伤病人不适用，病人窝在担架中间，对昏迷或呼吸困难病人不利于保持气道通畅，而且承重性差，适用范围较小。

2. 折叠担架椅

折叠担架椅最大优点是便于狭窄的走廊、电梯间和旋转楼梯搬运病人，储藏空间小，但对危重病人、外伤病人不适宜，操作也较复杂，且主要是国外进口产品，价格较昂贵，不利于推广应用。

3. 充气式担架

充气式担架，其主要技术特点是在气囊垫上面设有横或竖气囊脊，气囊垫一面和两侧设有吊带环，通过吊带环设有环形吊带并与抬杠相组成。体积小，质量轻，携带方便，可以折叠使用，减震效果非常明显，可使伤病员以坐、躺姿势被转移，变手抬式担架为肩扛担架，有利于远距离转运伤病员。

4. 楼梯担架

楼梯担架，采用设置抬担架人员扶手的高度差，达到顺利上下楼梯的目的。但只适合受伤人员呈坐姿态，不能在人员平躺状态下使用。

5. 铲式担架

铲式担架是一种可分离型抢救担架，制作材料主要有高强度工程塑料、铝合金两种，属硬质担架，其特点是：担架两端设有铰链式离合装置，可使担架分离成两部分，在不移动病人的情况下，迅速将病人置于担架内或手术台或病床上，从病人体下抽出担架。

铲式担架具有体积小、质量轻、承重强等特点；操作非常简单、便捷、省力，有利于骨折外伤员保持肢体的固定，减轻疼痛和防止病情加重，对昏迷病人保持呼吸道通畅体位；另外担架的长度可据病人身长随意调节，适用于不同身高体重的患者，在普通居民房屋的楼道、走廊等狭小地方基本都能使用，由于铲式担架国内就能生产，价格较低廉。当然也有不足之处，因为中间有空隙，不能用于脊柱伤病员搬运。但只要在中间垫上硬板也能搬运，当然过于狭窄的地方(如长小于1.8m宽小于1m)不便使用。

综上所述，铲式担架虽也有缺点，但比帆布软担架、折叠担架椅等其他担架更具优势，适合在各种急救现场、狭小楼道救护和转送各种伤病员，且价格也适中，应用范围广。

## 四、头部固定器

在搬运过程中，用于固定伤患者头部，以避免颈椎再度受到伤害。此类产品还有颈托。

## 五、夹板

在事故中，如果伤者出现骨折或可能出现骨折的情况下，要对受伤部位用夹板进行固定，再进行搬运，避免伤势的恶化。

夹板的种类很多，有高分子夹板、组合夹板、多能关节夹板、四肢充气夹板、真空夹板等多种类型。

### (一)高分子夹板

高分子夹板，由高分子平面夹板塑型成柱面体，利用柱面体的静曲支撑力来稳定受伤部位，从而达到固定效果。

**（二）组合夹板**

组合夹板，可根据不同骨折固定要求，进行插式组合，灵活固定。

**（三）多功能夹板**

多功能夹板，可多向调整角度，不需加用其他夹板。夹板铰链可在单向上做任意旋转。X 射线可完全穿透，拍片效果良好。

**（四）四肢充气夹板**

四肢充气夹板，是通过充气进行肢体的一种特殊夹板。可以用于骨折的固定，也可以用来止血。

**（五）真空夹板套装**

真空夹板套装，满足急救所需要的各种夹板功能。真空夹板可以使身体在抽取空气后维持体位，这种设计可以很好地将病人固定，而不会压迫骨折的部位，引起不适或造成进一步的损伤。全套包括一个全身真空夹板、多个四肢真空夹板、负压气筒等。

## 六、 急救训练模拟人

伤员在受伤甚至危及生命的情况下，正确掌握并及时实施一些急救术，如心肺复苏、担架搬运、头颈固定、夹板固定、止血等，对于伤员的急救甚至生命的保障，具有非常有效而重要的作用。但是，这些技术的掌握，必须在实践中进行经常性的练习才能熟练掌握。最好的办法就是在急救训练模拟人进行训练。

急救训练模拟人产品很多，功能从简单到复杂不一而足。简单的一般只用来做心肺复苏之用。复杂的则包括多种功能，如高级综合急救技能训练模拟人（ACLS 高级生命支持、单片机控制），由数字模拟单片机控制，可与心电机、除颤监护仪、呼吸机等连接操作训练。可以进行气道插管训练，CPR 心肺复苏训练、AED 心律除颤、体外起搏、脉搏血压训练与静脉输液训练、监护及心电图训练等。

## 参 考 文 献

[1] 闪淳昌.切实加强应急预案体系建设[J].现代职业安全,2007,1.
[2] 樊运晓.应急救援预案编制实务[M].北京:化学工业出版社,2006.
[3] 赵正宏.城市化学灾害事故与应急救援体系[J].现代职业安全,2003,6.
[4] 赵正宏.危险化学品安全生产基础知识[M].北京:气象出版社,2006.
[5] 赵正宏.安全生产“五要素”的理论与实践[M].北京:中国农业出版社,2006.
[6] 杨文芬,陈倬为,邓保举.防冲击眼护具[J].劳动保护,2006,7.
[7] 赵阳,滕金山.阻燃防护服[J].劳动保护,2006,8.
[8] 黄晓莉.烟雾:火灾中的第一杀手[J].中国消防,2005,22.
[9] 卢俊吉.DV 技术在消防工作中的应用探索[J].中国消防,2005,24.